60道亲子健康食谱

小鱼妈/主编

吉林科学技术出版社

图书在版编目（CIP）数据

60道亲子健康食谱 / 小鱼妈主编. -- 长春 : 吉林科学技术出版社, 2015.7

ISBN 978-7-5384-9504-1

Ⅰ. ①6… Ⅱ. ①小… Ⅲ. ①食谱 Ⅳ. ①TS972.12

中国版本图书馆CIP数据核字（2015）第153902号

60道亲子健康食谱

主　　编　小鱼妈（陈怡安）
出 版 人　李　梁
责任编辑　孟　波　王　皓
封面设计　长春市一行平面设计有限公司
制　　版　长春市一行平面设计有限公司
开　　本　710mm×1000mm　1/16
字　　数　200千字
印　　张　11
印　　数　1—6000册
版　　次　2015年9月第1版
印　　次　2015年9月第1次印刷

出　　版　吉林科学技术出版社
发　　行　吉林科学技术出版社
地　　址　长春市人民大街4646号
邮　　编　130021
发行部电话/传真　0431-85635177　85651759
　　　　　　　　 85651628　85677817
储运部电话　0431-86059116
编辑部电话　0431-85679177
网　　址　http://www.jlstp.com
印　　刷　长春第二新华印刷有限责任公司

书　　号　ISBN 978-7-5384-9504-1
定　　价　29.90元

如有印装质量问题　可寄出版社调换

Contents 目录

第一章 准备了！小鱼妈的健康厨房

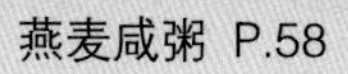
燕麦咸粥 P.58

蔬果鱼片面条 P.60

玛格莉特比萨 P.68

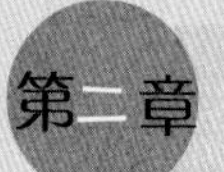

第二章 小鱼妈的省力私房菜

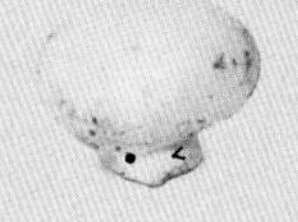

第三章

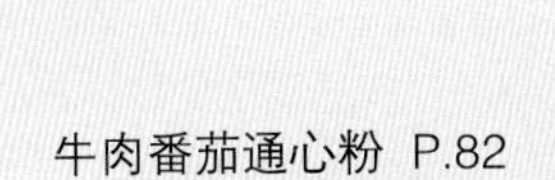

牛肉番茄通心粉 P.82　　南瓜煎饼 P.94　　苹果草莓果酱 P.106

盆栽优格 P.128　　芝麻饼干棒 P.134　　特浓牛奶糖 P.140

第四章 小鱼妈的亲子厨房

第五章

海绵杯子蛋糕 P.158　　芝麻奶酥 P.166　　薯格 P.168

自序 为家人亲手烹饪美食是最棒的事

从写网络日志到出版书籍，其实内心有很多的感触，真的很感谢一路走来陪伴我的朋友，尤其是我的 FB 社团——鱼您分享．幸福烘焙机的每个朋友，因为每当遇到问题上去发问时，总有许多热心的朋友立刻分享自己的烹饪经验，通过讨论也会时常激发出意想不到的火花，让小鱼妈很感动，你们真的都好棒。

这本书小鱼妈想跟大家分享的是：“只要愿意，没有做不成的事。”尤其像小鱼妈，原本是个完全不懂厨艺的人，最后都能凭借努力，写出一本充满爱意的美食书，所以我相信大家一定也可以！千万别小看自己，希望通过此书的出版能鼓励更多不懂烹饪、不会烹饪的朋友，跟着小鱼妈一起进入烹饪美食的世界。

你会发现其实烹饪真的没有那么难，甚至可以说非常有趣，而且看着孩子、家人吃着自己亲手做的美食，那种洋溢着幸福的脸，我就感觉烹饪是天底下最棒的一件事了。心动不如马上行动，看完书后立刻找出自己冰箱现有的食材制作一些美味吧！小鱼妈等你来分享作品喔！

感谢嘉吟的推荐，我才有机会跟大家分享自己烹饪美食的心得，再来感谢出版社同仁在拍摄图片、食谱时，给予我的协助及帮忙，我才能安心地完成这本书，你们绝对是大功臣。

最后还要感谢我的另一半小鱼爸，谢谢他下班后总是会帮忙分担家务和照顾两个宝贝，让我能专心写作，当然还要感谢我两个可爱的宝贝小鱼和美人鱼，没有宝贝们的到来，我想也不可能有今天的机会可以出书，谢谢身边的每个人，你们都是我最感恩的贵人。

前言 有两个孩子妈妈的快速上菜秘诀

小鱼妈原本完全不懂厨艺，后来因为小鱼在外面就餐会过敏，所以我开始自己动手做美食，从原本厌恶进厨房到后来视厨房为第二生命，这之间的转变，我想另一半是最理解的，为了孩子，什么都愿意试；为了家人，开始为爱而烹饪，我可以，我相信你们也行！

小鱼在外面就餐后的惨状都成小花猫啦！小鱼妈心疼之余，决定为宝贝们亲自下厨。

常常很多朋友在FB社团上询问小鱼妈：“你怎么那么厉害，可以一个人带两个孩子还能写网络日志、烹饪美食，甚至开社团网购、出书啊？”

其实我不是超人，正因为是做自己有兴趣的事，所以一点都不会感到疲惫。我曾经在电视上看过有一位饭店创建人——吴锦霞女士说过的一句话，“做自己喜欢的事怎么会累？”这句话一直成为我做事情的座右铭，的确，做自己喜欢的事怎么会累！每当孩子看到我端出食物时的“哇哇”惊叹声及开心笑靥，就是给妈妈最大的鼓励了。

再来就是让朋友们惊叹连连的是身为两个孩子的妈妈怎么有空做美食？我

的方法是，先安抚大的再来搞定小的。例如，我会先打个面团再拿擀面杖面棍或者饼干模让小鱼自己玩面团；或者有时候请小鱼进厨房帮忙择菜、洗菜或者协助摆盘，孩子都爱当妈妈的小帮手，只要妈妈放手，他们都会做得很好。

请孩子当小帮手，就可以搞定他们！

至于妹妹——美人鱼就更容易哄骗了，只需要将她放在推车上推到厨房门口或者让她坐在餐椅上把餐椅摆在厨房门口，让她可以看到妈妈就搞定了；不过，在非得妈妈安抚的时候就只好背着她下厨，但是通常这时候我都是选择做不需要开火的简单食物，像是彩色螺丝水果凉面。只要抓住自己孩子的个性，其实孩子都不难搞定，你也试试吧！

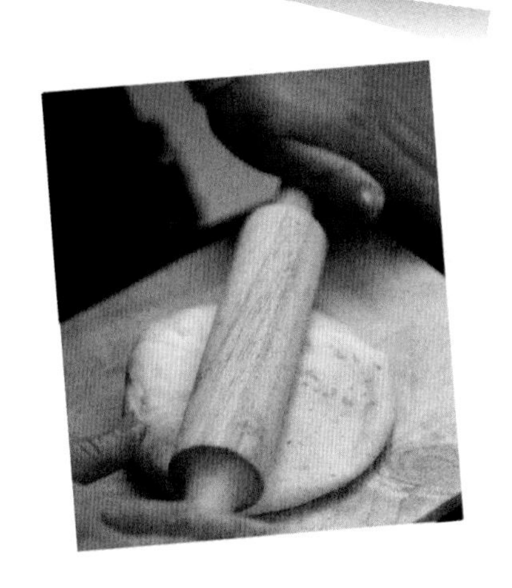

第一章

准备了！
小鱼妈的健康厨房

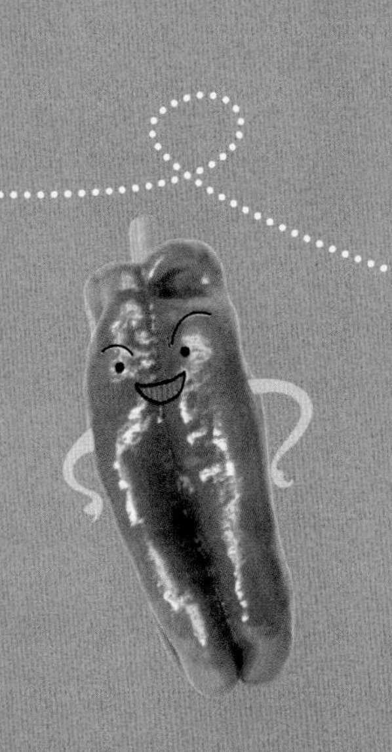

专家说，透过丰富的视觉感官，可以让孩子爱上吃饭；但在小鱼妈眼中，让孩子爱吃饭，除了美味、健康之外，还要带着孩子一起动手做，让孩子有成就感，就有更多机会爱上吃饭了。

逛市场采购食材，新鲜当季的最好

谚语说："正月葱，二月韭，三月苋，四月蕹，五月匏，六月瓜，七月笋，八月芋，九芥蓝，十芹菜，十一蒜，十二白（白菜）。"照着十二节气来买就对了，因为这正是该蔬果的盛产期，能让味觉享受到最佳的食材原味。

春季食材　小白菜、油菜、菠菜、豌豆、四季豆、玉米、菜花、芦笋、桂竹笋、山药、南瓜、番茄等

夏季食材　苋菜、空心菜、芦笋、绿竹笋、牛油果、葡萄、香瓜、水蜜桃、杧果等

秋季食材　卷心菜、大白菜、龙须菜、彩椒、柳丁（柳橙）、丝瓜等

冬季食材　卷心菜、白萝卜、青花椰菜、芥蓝、菠菜、黄瓜、枣、油菜、草莓等

四季都可以选用的食材

除了各季节盛产的食材外，爸爸妈妈还可以选用一些不受季节限制的食材来制作美食。像是：

- 全年都盛产的水果有：香蕉、番石榴。
- 全年都盛产的蔬菜有：香菇、莴苣、红萝卜、紫心甘薯、芥菜、秀珍菇、地瓜、地瓜叶、黑木耳、杏鲍菇、丝瓜、乌巢蕨、玉米、韭菜、葱。

小鱼妈的健康窍门，五大类食材挑选方法

小鱼妈小时候最开心的事就是跟小鱼姥姥一起去菜市场，因为菜市场里多了一分人与人之间的人情味，而且买菜还会赠送葱或蒜等，比起冷冰冰的超市要温暖许多。

当了妈妈之后逛市场则有截然不同的感受，只要想到是为了心爱的家人挑选食材就会更加仔细把关。因为小家庭人口少，买菜时更需要精准拿捏分量，所以小鱼妈习惯在家里先列好一周采购清单，避免到了市场不知买些什么。

菜市场还有一个很大的优点就是可以买到最新鲜的食材，而且碰到不会烹饪的食材还可以请教卖菜的，这是在超市买东西没有的“福利”。

不过，因为小鱼妈目前家附近没有菜市场，所以超市就成了我的好邻居，采购时原则上要特别注意新鲜度、生产日期及保存期限，以蔬菜类来举例：是否脱水干掉或是叶片枯萎等，就能买到好食材。

另外，小鱼妈推荐大家购买“蔬菜箱”，因为我们选购蔬菜时经常会挑选会烹饪或爱吃的蔬菜，这样一来就容易错过其他营养的蔬菜，订购蔬菜箱的好处有：

新鲜送到家：不需要到市场去人挤人，对有孩子的妈妈而言非常省时。

摄取多元营养：蔬菜箱的种类都是由商家配好，这样一来家人可以食用不同种类的蔬菜，摄取更全面的营养。万一收到的蔬菜不会烹饪，也可以上网搜寻做法，挑战自己的厨艺，有时还会意外发掘家人爱吃的食材。

奶

〔挑选〕选择有乳品认证标识或大牌子厂家生产的，比较有保障，或者是购买由农民自家奶牛生产的牛奶。

〔保存〕鲜奶购买后应尽快放入冰箱冷藏保存，瓶盖要盖好避免其他气味混入牛奶里，并在保存期限内饮用完毕。

蛋

〔挑选〕少量购买，趁新鲜吃完，不要一次购买太多。选购零售的鸡蛋时可以将蛋对着灯光检查蛋壳是否有破裂，接着可以把蛋拿起来摇一摇，如果感觉得到蛋黄的晃动表示气室大，不新鲜。另外，外观表面粗糙的为较新鲜的蛋，光滑的则放的比较久。新鲜的蛋打开后，蛋黄完整、挺实，蛋白近蛋黄处的“浓厚蛋白”和近壳处“稀蛋白”可区分清楚，不会呈现稀的状态，乳白状的蛋黄系带应还在，如果不是新鲜的蛋，系带就看不见了。

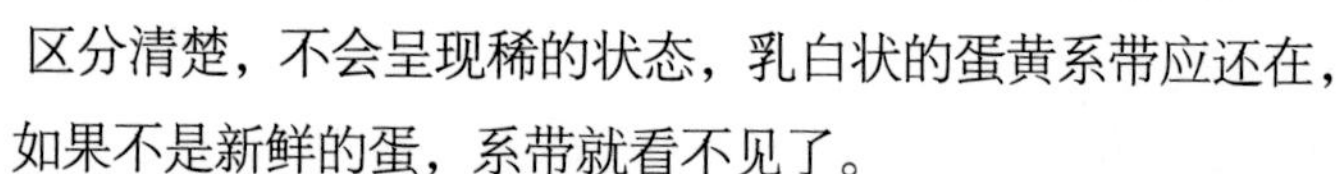

〔保存〕如果购买包装完好的鸡蛋只需将原封包装放入冰箱；如果是零售蛋放置时需注意将蛋尖端朝下摆放，因为鸡蛋气室位于钝端，可减少蛋黄上浮与蛋壳接触和微生物侵入。

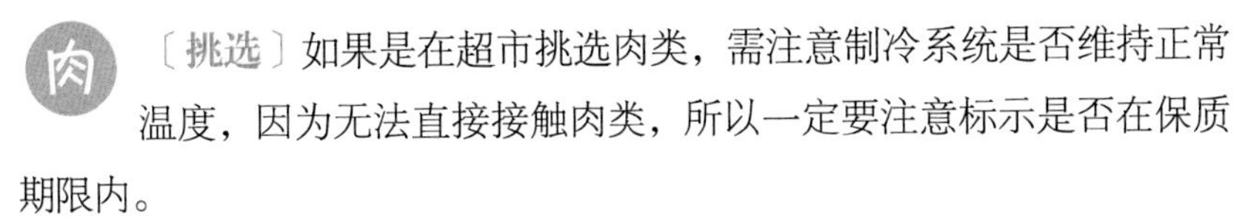

肉　〔挑选〕如果是在超市挑选肉类，需注意制冷系统是否维持正常温度，因为无法直接接触肉类，所以一定要注意标示是否在保质期限内。

• 牛肉：瘦肉呈现鲜红色、脂肪部分是乳黄色、骨头粉红色，属于嫩牛，肉质较嫩、易煮熟；如果是呈现白灰色属于老牛，肉的组织较为粗糙、口感较硬不易煮烂。

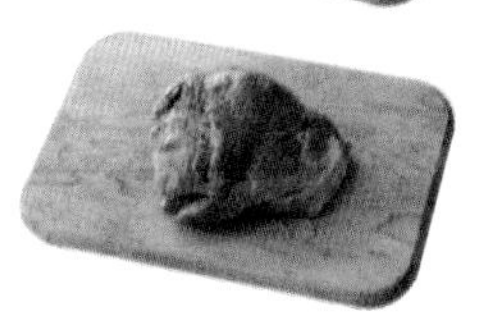

• 猪肉：瘦肉呈现粉红色，肥肉部分是肥厚洁白，肉的表面无任何颗粒状或者肉瘤，没有腥臭味。

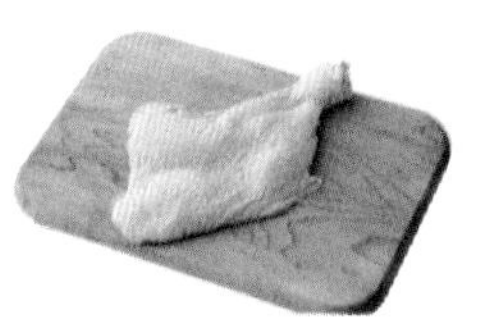

• 家禽类：如果是购买整只的家禽，可先观察外观，如眼睛是否混浊？表皮是否紧绷光滑？如果是剁好的可以轻轻按压肉质是否浮肿？肉色呈粉红色，肥肉部分洁白肥厚，肉的表面无肉瘤或白色且无腥臭味。

〔保存〕从菜市场买回来的肉品必须先将血水清洗干净后再用纸巾吸干水份。

处理时用密封袋分装为一餐的分量后冷冻，烹调前一晚取一包放置在冷藏室退冰，以免反覆解冻使营养成分流失及孳生细菌，退冰后也不宜再回冻。

如果是排骨的话，可以先汆烫后再分装进密封袋冷冻，这样不但能保持肉品的干净也能保持冰箱环境的卫生。

提醒爸爸妈妈，冰箱不是万能的，冰太久的肉品除了不鲜美外，口感也较硬、柴，所以放冷冻室期限约 1 个月，放冷藏室则不要超过 3 天。

鱼

〔挑选〕尽量选择小的鱼（**手掌大**）以避免吃进过多的重金属；或者可购买无刺的冷冻鱼较适合小孩食用，像是鲷鱼、多利鱼、三文鱼、鳕鱼等。

〔保存〕鱼买回来后先分装成一餐烹煮的量，并用封口机封好，再放入密封袋内放入冷冻室保存。每次要烹煮前提前一天再从冷冻室移至冷藏室退冰即可。

无刺鱼。

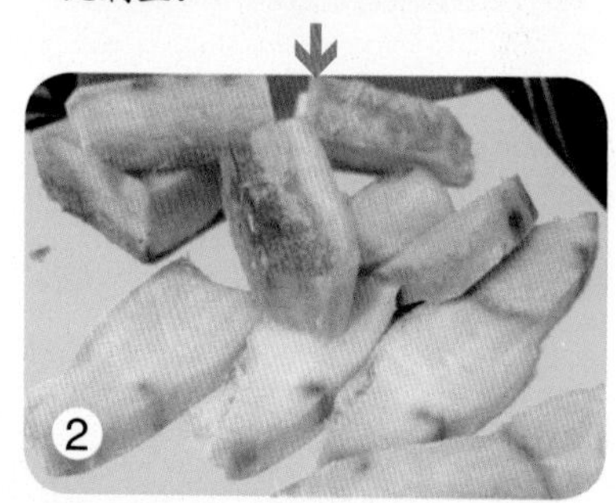

切片。

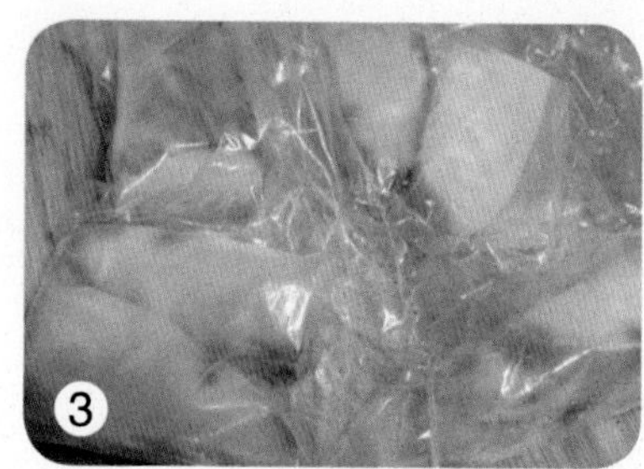

分装一餐的烹煮量。

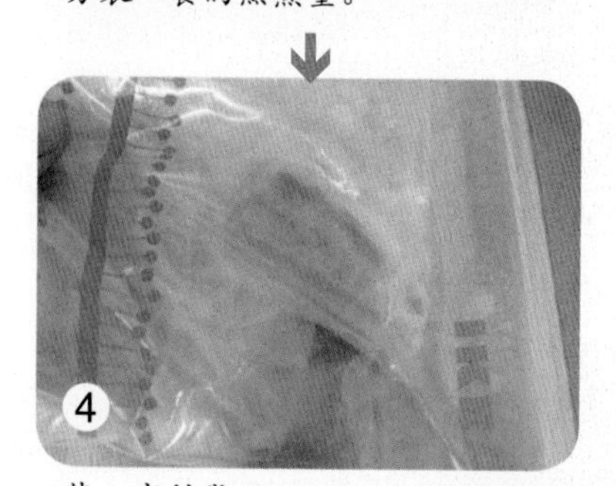

装入密封袋。

〔挑选〕黄豆、豆浆、豆花、豆腐等豆类产品要特别留意是否标有非转基因标识。

〔保存〕黄曲毒素喜欢高温及高湿的场所，保存时最好放于保鲜盒或密封罐中，并尽早吃完。

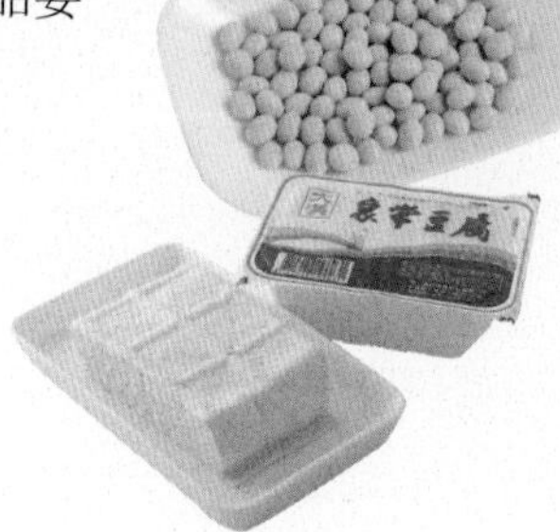

〔挑选〕购买五谷杂粮产品时尽量选择真空包装的。根茎类食材是身体醣类的来源，对成长中的小孩而言很重要，也是小鱼妈最爱买的食材。其优点为：❶食材很耐放、不易坏。❷价格不易受天灾影响。❸颜色有很多可以选择、可任意做变化搭配。例如：胡萝卜（红）、马铃薯（白）、地瓜（紫、橘黄）、玉米（黄）、南瓜（橘黄）、甜菜（紫红），购买时如果能买到现摘带泥的，是最棒的。

〔保存〕五谷杂粮一旦打开后，最好放在冰箱内保存，并在期限内吃完。根茎类食材只要放在阴凉处即可，马铃薯放在冰箱冷藏反而容易发芽。曾经有农民跟小鱼妈分享，照着植物的生长方式保存就是最棒的。如红萝卜直立（头向上）更能保持它的新鲜度。另外，如果能买到现采摘带泥土的则常温保存即可，不需要冰，但需注意不可用塑料袋密封住。清洗时，根茎类表皮不光滑且有凹洞，可用牙刷将表皮泥土洗净，烹饪时只要用削皮刀削去表皮即可。

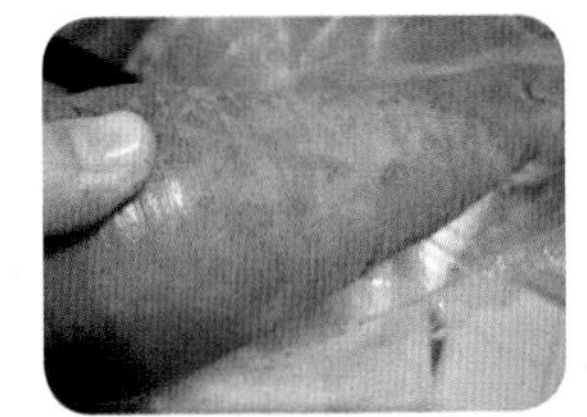
带泥土。

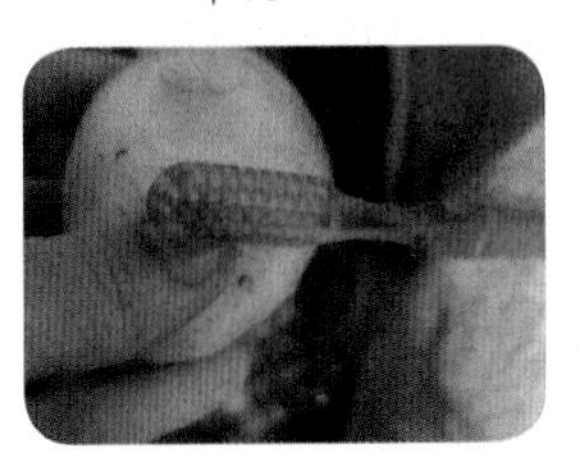
用牙刷刷洗。

另外，要特别注意马铃薯如果发芽了，千万别食用。因为马铃薯的芽含有生物硷，食用会造成腹痛、头晕，保存方式可以在马铃薯的中间放一块苹果，因为苹果会产生乙烯气体能妨碍马铃薯生长，或者可以先煮熟后再放进冷冻，烹煮前再拿下来退冰即可。

红萝卜是小人参。去市场买来的有机胡萝卜，一袋里面有好多好可爱的小萝卜，小鱼看到疯狂尖叫，因为他是最爱吃胡萝卜的宝宝啦！

〔挑选〕尽量购买当季蔬菜，一来农药较少，二来价格也不会受市场供给量影响。

〔保存〕买回来的新鲜蔬菜应先检查是否有烂叶，有的话须先择除，再放入保鲜袋内，最外层包覆报纸，避免叶菜接触空气造成水份流失而干枯。至于小鱼妈的做法是在报纸上贴便利贴标注蔬菜名及日期，以方便拿取，烹煮时以含水量高、易腐烂的叶菜类为先，以延长蔬菜的保鲜时间。

放入保鲜袋。

包覆报纸。

标注菜名及日期。

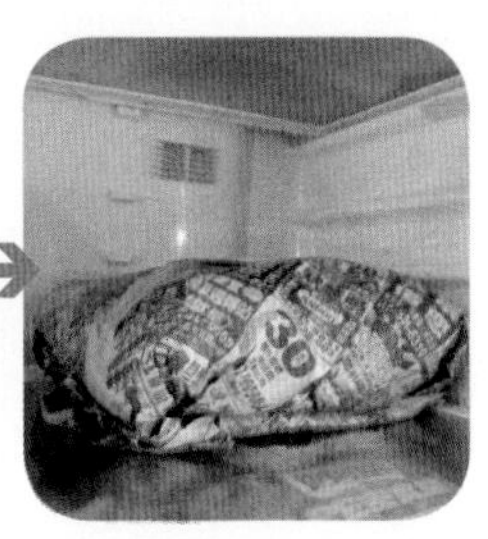
放在冰箱冷藏保存。

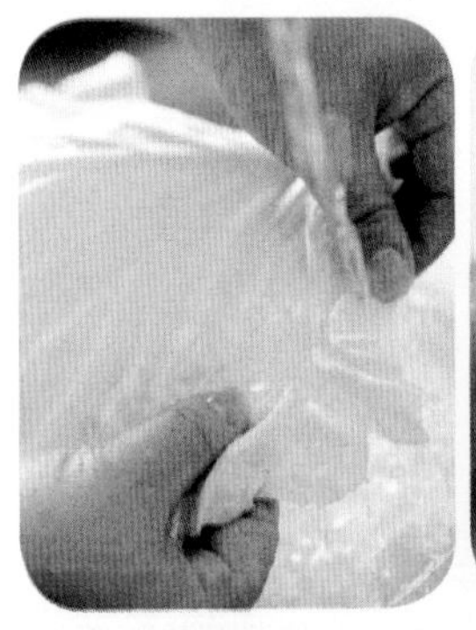

另外，提醒妈妈，结球类蔬菜大部分的农药都会残留于外叶，所以建议买回来后先将外叶剥掉，并将蒂头切除1厘米的长度，吃多少切多少，剩余的再用塑料袋套起来包上报纸即可保存。

至于叶菜类靠近根部的地方可以切除约1厘米的长度；也可以准备牙刷或毛刷刷洗叶菜类的叶片基部，最后在水龙头下冲洗一遍即可。

小鱼妈最爱用的油

〔挑选〕要选择油脂安定、耐高温不易产生过氧化物质和油烟的油。耐高温的油有：苦茶油、茶油、食用油、椰子油或猪油、花生油、芝麻油等。

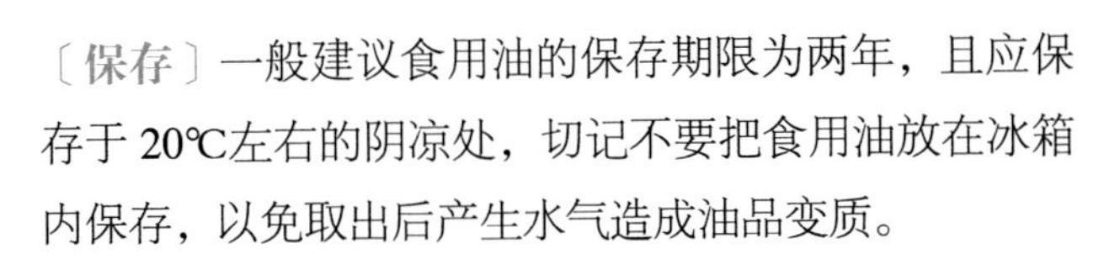
〔保存〕一般建议食用油的保存期限为两年，且应保存于 20℃左右的阴凉处，切记不要把食用油放在冰箱内保存，以免取出后产生水气造成油品变质。

苏打粉水

〔挑选〕与蔬菜类相同，尽量选择当季的水果，并选择可去皮或套袋的水果。

- 可去皮的如：香蕉、柑橘类、西瓜、荔枝、菠萝、苹果等。因为这类水果大部分的农药都残留在果皮上，去皮（壳）可减少农药残留。
- 套袋的如：番石榴、葡萄、莲雾、杨桃、梨等。因为套袋处理可以隔离与农药的接触，农药残留相对也较低。

〔保存〕爸爸妈妈最关心农药残留的问题，小鱼妈的窍门是：取一盆水加入食用级的小苏打粉，因为一般农药大部分为酸性、水溶性跟油溶性，小苏打粉的弱碱性可以中和分解掉酸性的物质。

另外，可再取半颗柠檬在加有小苏打粉的水中挤些柠檬汁（连皮一起挤）后，泡水 15 ~ 20 分钟再用清水冲洗干净即可。

葡萄清洗窍门

曾经有一位果农教我用牙膏清洗葡萄，洗出来的葡萄真的好漂亮，可是会有个大问题就是走味。葡萄吃起来会有薄荷牙膏的味道，后来看许多专家分享用面粉、小苏打粉、太白粉等来清洗，最后小鱼妈觉得最好用的是太白粉，因为太白粉本身的黏稠感可以将葡萄上的灰尘和脏污去除干净。

Tips

右上方是剪下来的葡萄，右下方是拔的葡萄。用拔的方法洗葡萄时灰尘脏污就会从蒂头接触到果肉；用剪的就不会有这问题，吃的时候再把蒂头拔除就可以了。

用剪的

比一比，下方左边是用清水洗的葡萄，右边是用太白粉洗过的葡萄，是不是差很多呢？其实葡萄的果粉、皮、葡萄籽都具有非常高的营养，如果能吃下去是最好，所以将其打成果汁是非常好的选择。

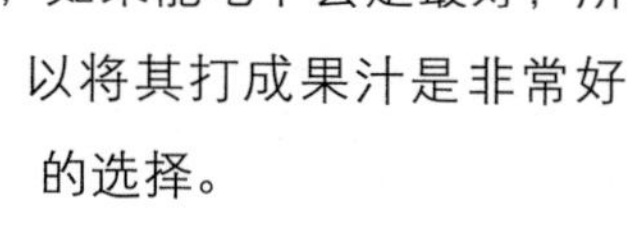

用拔掉的

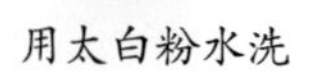

用清水洗

用太白粉水洗

1 取太白粉。

2 倒入盆中。

3 加冷水调匀。

4 将葡萄一颗颗剪下。

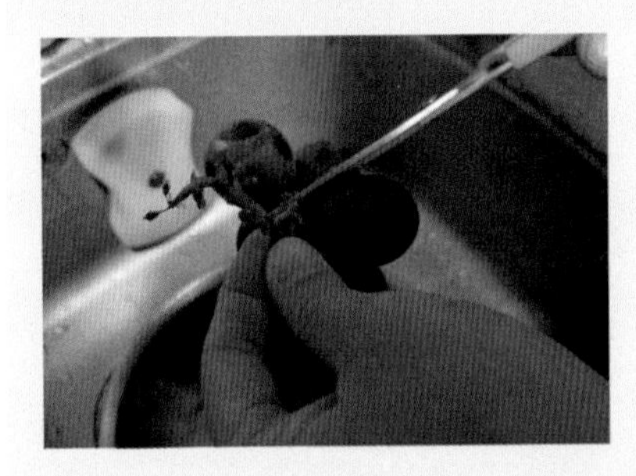

5 将太白粉用水泡开后，将剪下来的葡萄放进去清洗。

6 最后再用冷开水冲洗干净即可。

枣的食用窍门

因为小鱼妈娘家的特产就是枣和番石榴。好吃的枣吃起来像梨一样甜又多汁，但是枣里面有一颗核，孩子有可能不慎误食，所以小鱼妈也会分享一下去籽窍门。

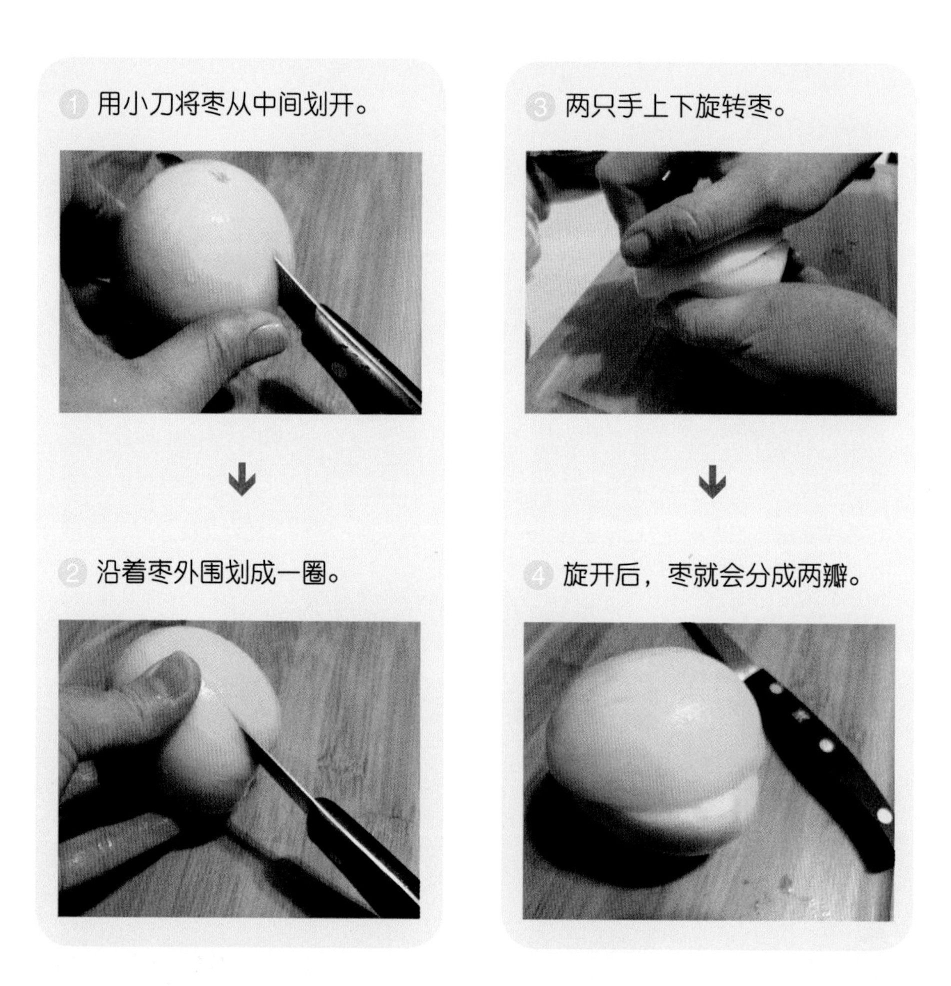

1 用小刀将枣从中间划开。

2 沿着枣外围划成一圈。

3 两只手上下旋转枣。

4 旋开后，枣就会分成两瓣。

5 用汤匙将枣核挖出来。

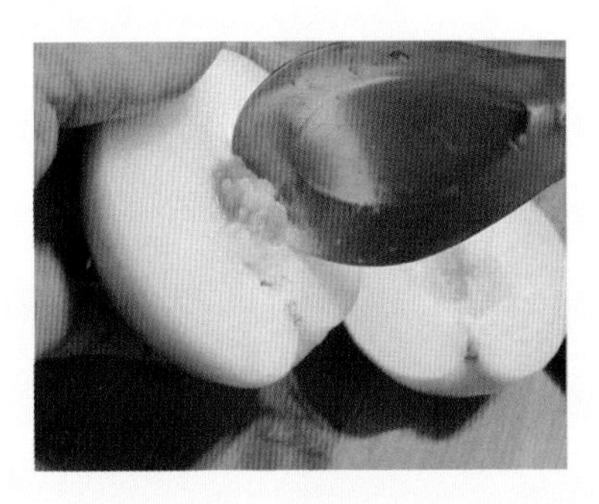

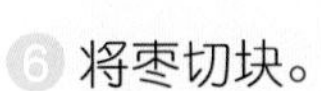

6 将枣切块。

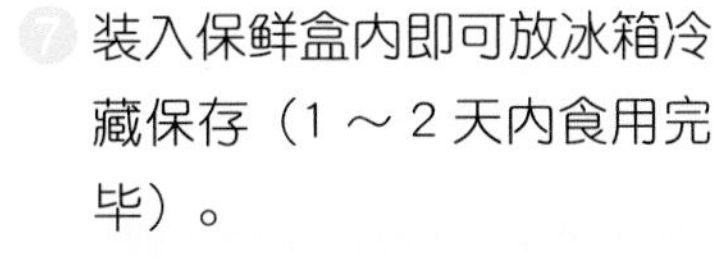

7 装入保鲜盒内即可放冰箱冷藏保存（1 ～ 2 天内食用完毕）。

Tips

小鱼妈建议挑选时可以选择外观呈粉绿色的枣，口感较清脆；青绿色的枣口感较涩，可放于室温下待其成熟后再食用。储存时，不碰水直接放冰箱可保存约两周，也算是蛮耐放的水果。

释迦 食用窍门

食用释迦时如果担心果皮上的农药残留，可以准备一个碗和匙，将释迦的果肉挖到碗内再食用。

① 准备一个空碗和匙。

② 将释迦稍微清洗后用手将其对半掰开，再用匙将果肉挖出来。

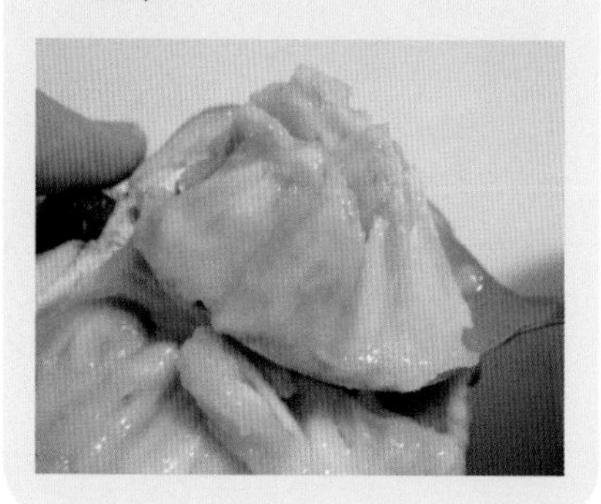

③ 将果肉挖空后，皮即可丢弃。

④ 小朋友可以直接用汤匙食用释迦。

Tips

释迦最佳食用的熟度约8分熟，即用手轻摸柔软即可；8分熟的释迦掰开后不会太软烂，另外因释迦果肉内有籽，可先将籽取出以避免小孩误食。

天然色素 制作窍门

每年 12 月到隔年 4 月是孩子最爱草莓的盛产季节，我们经常全家出动到草莓园采草莓。自己采好处多多，自己采的话孩子会更喜欢吃，其次也能让他知道草莓的“来源”。

选择时尽可能选择有机栽种且采网室内高架栽培的草莓园，网子是农家用来对抗昆虫侵袭或避免鸟食，架高可不受原本田地的泥土污染。

草莓粉的制作方式也很容易。只需要将新鲜草莓用烤箱烤干后，再用搅拌机或咖啡磨豆机（可打粉末或磨成粉状的都可以）磨成粉，再用密封袋放入冷藏室保存，就可以随意添加在各种点心中。自己动手做的不含色素、防腐剂，非常健康。

Tips

- 利用天然食材当色素，像是**胡萝卜、红色火龙果、菠菜、鸡蛋、牛奶、南瓜、紫地瓜、甜菜根**都是非常棒的食物染色色素。将上述食材切小块或小段后用榨汁机打成汁，就可以放在制冰盒内保存（因为每次使用的量不是很多，可制成副食品冰砖）。

- 做面包、面条、水饺皮、面疙瘩、饼干等任何需要色素的美食，只需取出适量冰砖退冰马上就可使用。色彩缤纷的食物，不仅可以增进孩子的食欲，还能让孩子“顺便”吸收一下蔬果的营养，真是一举两得。

厨房里实际情境操作——六大危险源

孩子进厨房安全吗？别太担心！与其帮小孩隔绝危险，不如教小孩认识危险最好是知道要如何预防危险，毕竟，父母不可能永远陪在孩子身边保护他。此外，自己动手做美食，还可以启发孩子的五感，是最棒的促进食欲的方法。

相信有孩子的父母都知道，如果你叨叨念念告诉他这个不行，那个不行，通常是没有效果的，甚至遇到个性较鲜明的孩子还会故意跟你唱反调，“你说不行，我偏要摸摸看……”。

所以小鱼妈比较倾向让孩子从小就能了解所处环境的潜藏危险，也让孩子在安全的环境下体验操作的方式，这样也许会带来出乎父母意料之外的收获。

刀、叉

厨房第一危险的物品绝对是刀、叉，不小心被刀、叉伤到有可能会抱憾终生，所以刀、叉等务必放在孩子拿不到或是不容易拿到的高处。建议父母可以在孩子面前用刀操作，如切食物时顺便告诫孩子，“刀很锋利，连很硬的食物都可以切断，一定要小心你的手，如果不小心受伤会很痛喔！”如果刚好你有伤口也可以顺便给孩子看下，告知孩子当初切到时有多么的痛，让孩子能感同身受。

煤气炉（火源）

其次是煤气炉。煤气炉有两个危险源，一是煤气，二是开火，不管是哪一个都是非常危险的。不过现在较新型的煤气炉煤气断开安全装置做的都很好，所以不会产生煤气泄漏的危险。火源则是怕正在烹煮食物时孩子不小心靠近或是掀盖造成蒸气热烫，不妨示范锅盖掀起时会有热蒸气冒出，让孩子知道蒸气非常烫，绝对不能碰触；也可以在洗热水澡时，告诫孩子，水温稍高就会烫伤。

电器插头（插座）

电器的插头与插座最怕湿湿的手去触摸，这部分可以引用看过的节目或是书本中触电的情节，就可以让孩子知道如果触碰插座就有可能会触电，也不可以调皮地用其他物品去插插座，以免危险。

锅具、烤箱

烫伤也是厨房常会发生的意外，建议可以告知孩子，在烹煮食物时锅具是很烫的，不可以用手触摸。或者也可以待锅具稍凉时让孩子触摸、体验锅具的热度。另外，烤箱也是危险的电器之一，使用完后一定要将温度归0度，用后拔掉插头以免小孩误触。

玻璃、陶瓷器具

如果担心器具不小心摔破会割伤孩子，可以事先让孩子了解哪些器具不怕摔，那些是一摔就破，可以让孩子了解不同材质的物理特性。

调味料、香辛料

调味料虽然没有太大的杀伤性，但不慎食入辣椒、酱油这些调味料也对身体不好。建议每一种调味料都可以给孩子尝试看看，让孩子记忆不同的味道，像辣椒酱等，孩子品尝过一次应该就不会想再吃啦！

在快乐农场里学习感恩与惜福

自从小鱼开始吃副食品之后，小鱼的姥爷、姥姥就开始在地里种植各种营养的水果与蔬菜，不间断的爱心持续到现在，就是为了要让小鱼健康长大。

小鱼妈曾经觉得父母务农很辛苦，不仅贫苦，社经地位也不高，但自从自己当了妈妈之后，才感觉到家里有一块地可以自由耕种，是一件多么令人开心、幸福的事。特别是在食品安全问题频传的现在，自给自足是很值得欣羡的事呢！

小鱼都称姥爷、姥姥的农地为开心农场，每次回姥爷、姥姥家第一件事情就是拉着他们去农场，小鱼最爱在一旁帮忙（虽然大部分都是帮倒忙），但是看着孩子充满期待的小脸及穿上雨鞋开心地奔向开心农场的身影，才知道，这就是幸福。

有什么比体验大自然的恩赐更值得庆幸的呢！泥土、树木、昆虫、蔬菜、水果、花草、家禽、小动物等，都能让小小鱼“哇！哇！哇……”惊呼连连呢！夏天，最开心的就是让小鱼光着脚丫在田里奔跑，他的小脚丫踩踏最自然的泥土，亲密的接触，能让他了解，并学习感谢及珍惜这片土地，它如同母亲一般，孕育出许许多多营养、好吃的蔬果。

小鱼是个心地善良的孩子，我每次都和他说，“这些蔬菜水果都是姥爷、姥姥辛苦种给你吃的，如果你不吃完浪费了，这样姥爷、姥姥就会好伤心。”每次说到这，小鱼就会立刻张大嘴再多吃一口。

有次回娘家，小鱼姥姥知道小鱼很爱采水果，还特地留了番茄让小鱼采，番茄有些生长在靠近地面上，必须要一颗颗弯下腰去翻树叶才能看到藏在里头的果实，看着小鱼坐在地上翻找果实，来回穿梭，反覆的蹲下站起来、蹲下站起来，我真的很感动。

每当家里准备了番茄这项食材（有时是入菜有时当水果吃）的时候，小鱼总是会把番茄吃光光，因为他知道采番茄好累。感谢农田让小鱼能享受到乡村田野生活并有更宽广的视野，更重要的是，多了一份对农民辛苦的怜悯之心与对食物的珍惜之情。

动手做 启发孩子的五感

所谓的五感就是视、听、触、味、嗅，通过烹饪的过程孩子可以从中得到学习：

- 视觉：可以看到食材的特色外观，而不再只是认得妈妈完成的菜肴。
- 听觉：通过家长的说明增进孩子对蔬果食材的了解与观察。
- 触觉：亲子用手去“摸”到真正的蔬果食材，不再只是从书本或电视上看到、“听到。
- 味觉：尝一尝，苦瓜是苦的、柠檬是酸的、西瓜是甜的，让味觉的层次更丰富。
- 嗅觉：知道蔬果食材的原味，例如柑橘类水果、草莓、西瓜等就算是蒙上眼睛也能通过鼻子闻出来。

亲自下厨 把饭吃光光

认识小鱼妈的人大概都知道我是个标准的“餐具控”，手边各种厂牌、各种材质、造型的餐具我几乎都买过、用过，因为我总以为可爱的餐具是吸引孩子吃饭的主要原因，换过非常多的儿童餐具后，我才知道：餐具只是辅助品，它能提升孩子的食欲，但绝对不是增进孩子食欲的主要因素，反而让孩子自己动手烹饪更有效。

零厨余一周采购计划

通常小鱼妈都是一周上一次市场购买食材，在购买前我都会列一张清单，顺便想一下一周菜单，这样就可以让每样食材发挥最大作用，也不会浪费食材。

小鱼妈一周采买清单分享

采买食材	可运用食谱
胡萝卜	蔬果吐司、鱼片粥、改良版菜饭、蔬菜面疙瘩、古早味蛋饼、蔬果鱼片面条、香松饭卷、滴鸡精、宝宝口味卤肉燥、蜗牛葱油饼、豆渣蔬菜煎饼
马铃薯	蔬果吐司卷、焗烤马铃薯、迷迭香马铃薯
小黄瓜	香松饭卷、蔬果吐司卷、黄瓜三明治、梅酱小黄瓜
绿色叶菜类（小油菜、小松菜、三色蔬菜等）	燕麦咸粥、蔬菜面疙瘩、豆渣蔬菜煎饼、蔬果高汤、蜗牛葱油饼
牛绞肉	罗宋饭、牛肉番茄通心粉
已处理的去刺鱼片（鲷鱼、多利鱼、鲑鱼、鳕鱼）	鱼片粥、蔬果鱼片面条
猪大骨或鸡骨	蔬果高汤
鸡肉	滴鸡精、鸡肉松
猪肉	宝宝口味卤肉燥
鸡蛋	香松饭卷、古早味蛋饼、葱花面包、坚果马芬、肉桂千层酥、杏仁起酥片、芝麻奶酥、海绵杯子蛋糕、嫩布丁

小鱼妈的一周菜单参考

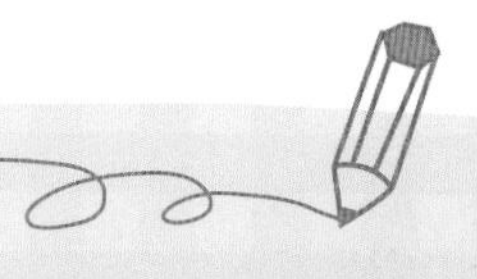

星期一

早餐
古早味蛋饼（P.66）
早点
芝麻奶酥
（P.166）

中餐
鱼片粥 （P.78）
午点
海绵杯子蛋糕
（P.158）

晚餐
奶油大蒜蒸饭（P.48）

星期二

早餐
水果牛奶燕麦（P.72）
早点
甜甜圈
（P.162）

中餐
油饭（P.44）
午点
肉桂千层酥（P.136）

晚餐
宝宝菜饭（P.76）

星期三

早餐
葱花面包（P.120）
早点
小饼干
（P.164）

中餐
蔬菜面疙瘩（P.80）
午点
梅渍圣女果（小西红柿）
（P.156）

晚餐
牛肉番茄通心粉（P.82）

星期四

早餐
一口小吐司（P.116）
早点
猫爪水煮蛋（P.122）

中餐
玛格莉特比萨（P.68）
午点
杏仁起酥片（P.138）

晚餐
罗宋饭（P.50）

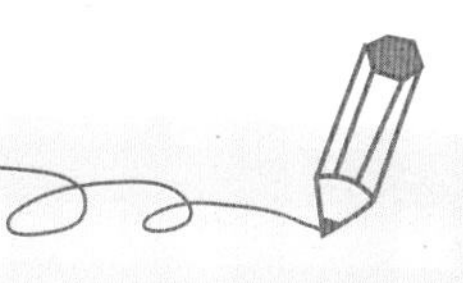

小鱼妈的一周菜单参考

星期五

早餐

黄瓜三明治（P.70）

早点

桂圆甜粥

（P.146）

中餐

迷迭香马铃薯（P.88）

午点

薯格

（P.168）

晚餐

蔬果鱼片面条（P.60）

星期六

早餐

燕麦咸粥（P.58）

早点

特浓牛奶糖

（P.140）

中餐

彩色螺丝水果凉面（P.84）

午点

豆浆燕麦坚果饼（P.132）

晚餐

白酱焗饭（P.54）

星期日

早餐

香松饭卷（P.46）

早点

盆栽优格（P.128）

中餐

焗烤马铃薯（P.62）

午点

宝宝燕窝

（P.148）

晚餐

日式烤饭团（P.110）

妈妈的省力厨房工具

小鱼妈的主要工作场所是厨房，所以厨房用品当然也不少，来瞧瞧小鱼妈的厨房好帮手吧！

饼干模

饼干模不但可以制作饼干，还可以用来替蔬果变换造型，让小孩动手压，更能增加孩子的兴趣。

不锈钢煮米杯

这个原本是小鱼刚吃副食品时用来煮 10 倍粥的米锅，后来小鱼长大后就束之高阁，有天我心血来潮把蛋放进杯里加满水再用电饭锅简单作水煮蛋，没想到非常好用，比煤气炉方便而且零失败率，水煮蛋完全不会破掉。

玩具收纳柜

用不到的玩具收纳柜也不要丢，一格一格装水果刚刚好。把家里的水果进行分类保存使用的时候非常方便拿取。

不锈钢餐具杯

在作烹饪时有时会需要融化的奶油，这时就可以将切好分量的奶油放在不锈钢杯中放在加热水的碗里即可快速融化奶油。同样的方法也可以用来温热小孩的鲜奶，简单、快速、又节能无须开煤气。

电饭锅

我相信家家户户都不可或缺，电饭锅真的非常好用，不管是在烹煮或是加热冰箱内的食物，还是蒸软隔夜变硬的面包都非常好用。

面包机

会接触烘焙其实一部分该归功于面包机，因为小鱼每次吃外面购买的面包总是会过敏起红疹，让小鱼妈很心疼因此才激起我自己动手做的决心；再来自从许多知名厂家陆续爆发食品安全事件后，小鱼妈发现标榜天然的产品，其实也都不怎天然，还是自己动手做最健康啦！现在的面包机不但能制作出与面包店不相上下的美味面包，还能兼具炒肉松、揉面团、帮助面团发酵等多样化的功能，是忙碌妈妈最得力的厨房好帮手，尤其适合烘焙新手、上班族妈妈来使用。只要前一晚把食材放进机器，隔天就有刚出炉的热面包可以吃，不用担心会吃到不健康的添加物及化学香精。小鱼妈自己用过面包机，真的觉得面包机是方便又省力的厨房好助手。

豆浆机

我习惯在睡前自己打豆浆喝，市面上豆浆机的品牌也非常多，小鱼妈使用的豆浆机属于多功能的，除了可以打豆浆外，只要替换上面的搅拌头即可变身为炖煮锅，煮粥、熬高汤、煮红豆汤不需要守在炉火旁，适合忙碌（和记性不太好）的妈妈。

放心食材大推荐

小鱼的姥爷、姥姥在家务农，自从小鱼妈怀孕之后，小鱼的姥姥就开始饲养家鸡准备让小鱼妈坐月子食用，后来小鱼满六个月大需要吃副食品，小鱼的姥姥更是有求必应，只要缺什么食材，小鱼姥姥就立刻种、立刻养，真的超幸福。

鱼您分享，良心农产品

近年来不断爆发许多黑心商品让大家食不安心，所以选择有信誉且有保障的店家很重要。除了小鱼姥爷、姥姥的爱心蔬果外，自行购买时小鱼妈通常会选择比较有口碑的商家。此外，微博或网站上也能找到许多不错的农产资讯，小鱼妈除了个人的微信好友之外，还开设了一个农产品的朋友圈（鱼您分享，良心农产品），里面介绍的都是小鱼妈自己吃过、买过不错的农家产品，甚至是小鱼妈亲戚朋友所种植的农产品，只要小鱼妈试过觉得不错，都会在里面推荐，有兴趣的读者欢迎一起来分享。透过朋友圈向农家直接购买的价格或许不便宜，但是买到的却是新鲜和安心的，健康无价！

另外，小鱼爸和小鱼妈因聚会认识了一个农家子弟 Hono（璇佑）因为小鱼非常喜欢他，后来都叫他大鱼哥，因为我们都是来自农民家庭，所以非常了解农民的辛苦，基于对农民的疼惜，一起组织了一个论坛（食安鱼社），希望能让更多人知道有很多用心的农民在默默耕耘着这块土地。

Tips 外食减油减糖吃

如果有时太忙没办法做菜，也别紧张，尽量购买清淡的食物给孩子吃就可以啦！例如，米饭、馒头、包子或者吐司面包等；如果去速食店购买餐点也可请店员减盐、减糖，较为油腻的食品也可以先用餐巾纸吸去油脂再给孩子食用。

1～3岁手指食物

1～3岁的孩子正处于成长阶段，建议将每日的营养平均分配在三餐中，补充的原则是“质”大于“量”，蛋白质的主要来源是奶蛋鱼肉豆类，牛奶和豆浆则含有丰富的钙质；蛋、鱼肉类有铁质；深绿色蔬菜所含的维生素与铁比浅色蔬菜来的高；五谷根茎类和水果则提供了其他必须营养素的摄取。小鱼妈特别推荐几道小鱼常吃的手指食物，方便1～3岁的小孩用手握着吃，一次一口，也免去清理的困扰。

（食谱请参见 P.86）

（食谱请参见 P.114）

（食谱请参见 P.116）

（食谱请参见 P.118）

带着孩子一起野餐吧！

有时候孩子在家不肯好好吃饭，不妨带着孩子到户外野餐。小鱼妈通常都会请小鱼跟我一起准备一些适合野餐的食物，他都会很兴奋。到了户外铺上防水的野餐垫，摆上野餐篮，心情总是特别好，孩子也会吃得特别多。

适合野餐的主餐

黄瓜三明治、吐司脆饼、水果凉面、日式烤饭团、清烫玉米笋、一口面包、葱花面包、甜甜圈

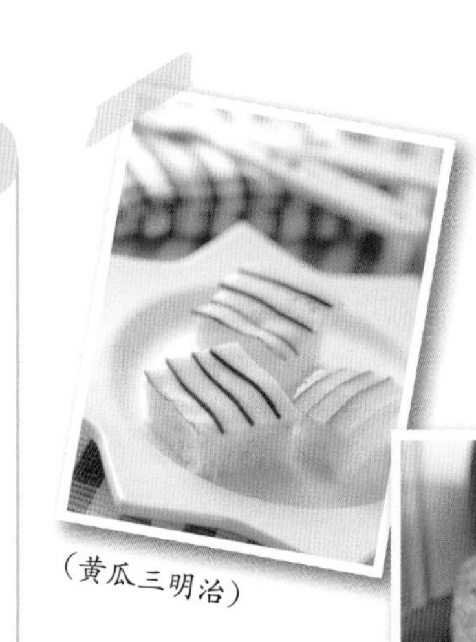

（黄瓜三明治）

（日式烤饭团）

（清烫玉米笋）

适合野餐的点心

优格盆栽、燕麦坚果饼干、芝麻饼干棒、坚果马芬、特浓牛奶糖、水果棉花糖、肉桂千层酥、杏仁起酥片、小饼干、醇奶奶酪、黑糖藕粉凉糕、椰香紫米丸、芝麻奶酥、海绵杯子蛋糕、小波堤、嫩布丁、梅渍圣女果

（芝麻饼干棒）

（杏仁起酥片）

第二章

小鱼妈的省力私房菜

这个篇章里面介绍的都是小鱼妈的拿手菜，不仅好吃、营养，步骤也非常简单，可以快速上菜，很适合忙碌的妈妈。

油饭

小鱼童言童语

好几次我们赶着出门时，我都会带一份油饭让小鱼在车上吃，为了方便他拿取我都会捏成一个个小球，所以小鱼又把油饭称之为"球球饭"超好吃的哟！

材料 糯米 4 杯，香菇、虾米各适量，姜、酱油、蚝油、麻油、五香粉各适量，水 2 杯，油葱酥 1 碗。

新手妈咪便利贴

- 油葱酥炒久会变苦所以起锅前再洒入即可。
- 泡香菇的水千万别丢掉，烹煮时一起加入，可以增加食物的香气。
- 一般电饭锅要煮两次才会全熟，所以第一次煮完可以翻动看看米是否熟透，如果没有，不需加水直接再煮一次即可。

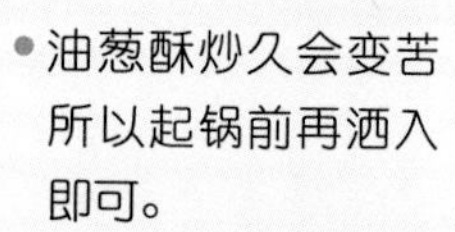

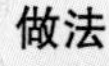

做法

❶ 姜用食物搅拌器打碎或用菜刀切成末。

❷ 虾米和香菇泡软后切丝备用。

❸ 麻油放入锅内待锅热后放入姜末、香菇、虾米爆香。

❹ 再将洗净的糯米加入锅中一起拌炒。

❺ 加入蚝油、酱油、五香粉拌炒均匀，起锅前加入油葱酥。

❻ 将炒好的油饭加入两杯水后移入电饭锅中。

❼ 按照一般煮饭步骤煮熟即可。

食材小故事

选择市售的油葱酥时，应以外表金黄色、无焦黑状物质、无杂物为主，打开包装后可闻闻味道，应有浓厚的油葱香气。重点要选择有信誉的商家购买，小鱼妈会特别注意产地，不同产地的味道会有差异。买回来时可存放于冷藏室或冷冻室以延长保存期限。

早餐
中餐
晚餐
香松饭卷

材料 米饭2碗，香松、寿司醋各适量，鸡蛋3个。

新手妈咪便利贴

寿司醋可以买现成的，或者自己调制，方法很简单，只需将白醋加上砂糖拌匀就可以了。

做法

❶ 蛋打散，起油锅将蛋液煎成薄蛋皮。

❷ 将蛋皮切成小片备用。

❸ 在米饭中加入寿司醋及香松搅拌均匀。

❹ 将做法3放置于蛋皮上，再将蛋皮卷成一口大小。

❺ 最后用牙签或小叉子固定即可。

小鱼童言童语

小鱼看到漂亮叉子就好开心，妈妈用点小巧思，小朋友就会捧场一口一个吃光光喔！

食材小故事

蛋是非常好做的烹饪食材，我使用的是小鱼姥姥自己养的鸡所生的蛋，蛋香非常浓厚，不喂任何抗生素，给孩子吃最安心。

奶油大蒜蒸饭

材料 大蒜 5 瓣，姜 1 小块，奶油 50 克，大米 2 杯，鸡精或高汤各 2 杯，盐少许。

做法

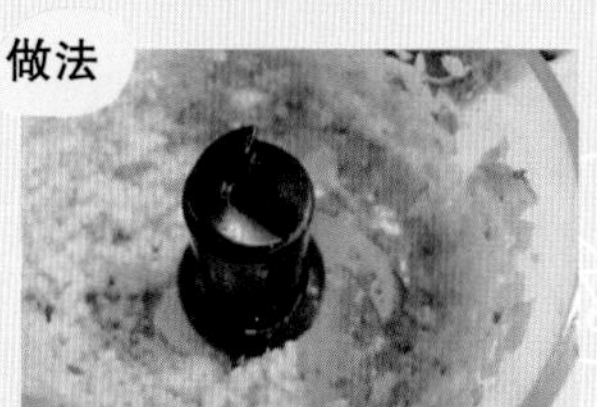

❶ 大蒜用刀背轻拍后去薄膜，姜切片，放入食物搅拌器打碎备用。

❷ 起油锅，待油热后加入蒜末、姜末以中火爆香。

❸ 加入洗净的大米、奶油持续拌炒。

❹ 加入少许盐调味后移至电饭锅内锅。

❺ 再加入高汤煮熟即可。

新手妈咪便利贴

- 没有食物搅拌器的妈妈也可以使用菜刀切碎蒜片及姜片。
- 奶油请选择无盐奶油，以避免摄取过多的钠。
- 高汤可以使用自己滴的鸡精更健康。

小鱼童言童语

浓郁的奶油香搭配上蒜香真的太美味了，蒜末蒸过后口感有点像切碎的苹果，小鱼会把碗里所有的碎蒜头通通吃掉，还会说，"我最爱吃苹果饭了喔！"

食材小故事

大蒜是小鱼姥姥自己种的，姥姥种的大蒜很好剥皮且很耐放，不像市场上买的那么易发霉或发芽，而且有浓厚的蒜香。如果购买分量较多的大蒜建议可存放于干燥处，像是在阳台就可以存放得比较久。

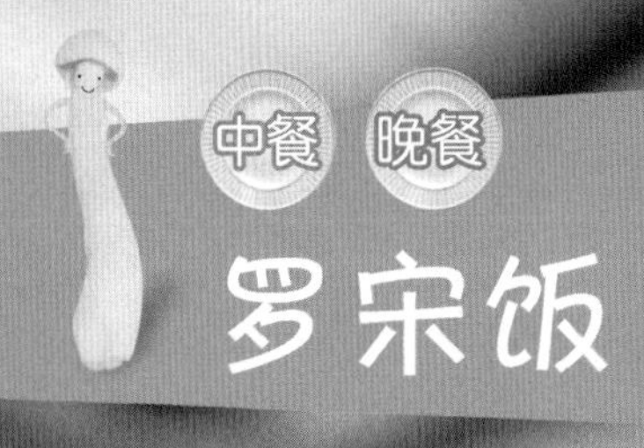

罗宋饭

材料 胡萝卜半根，马铃薯 1 个，番茄 2 个，洋葱半颗，卷心菜 5 片，牛绞肉 50 克，高汤 600 毫升，米饭 1 碗。

做法

❶ 胡萝卜、马铃薯、番茄各 1 个、洋葱、卷心菜洗净、切丁备用。

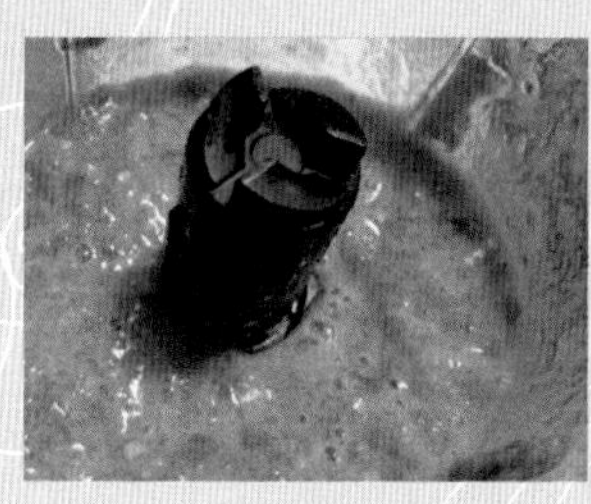

❷ 取另一个番茄洗净、切块后放入食物搅拌机打成番茄汁。

❸ 在油锅中放入牛绞肉拌炒，加入高汤煮至滚。

❹ 加入做法❶的蔬菜丁及做法❷的番茄汁稍炖煮后，移到电饭锅，外锅加水 1 杯继续炖煮。

❺ 待电饭锅跳起，稍放凉后将完成的罗宋酱汁淋在米饭上即可。

新手妈咪便利贴

- 如果无食物搅拌机或果汁机可直接用菜刀将番茄剁成泥状；或者使用小圣女果来替代番茄，风味也很棒喔！
- 如果觉得准备食材比较麻烦，也可以直接购买冷冻蔬菜替代食材中的蔬菜。
- 除了淋在米饭上之外，也可以加入意大利通心粉，变化成另一道美味食材。

小鱼童言童语

罗宋饭是由罗宋汤演变而来的美食。小鱼很喜欢西红柿酸酸甜甜的口感，所以当小鱼妈把罗宋汤改良变成罗宋饭时，小鱼都会开心地大叫，“西红柿酱拌饭最好吃了，我要吃好多好多饭喔！”

食材小故事

牛肉属于高蛋白，低脂肪且富有多种氨基酸及矿物质，具有好吸收的特点，属于温补的食品，且含铁量是所有肉类中含量最高的，非常适合孩子食用。

奶油炖饭

材料 四季豆、红萝卜、玉米各 1/4 杯，番茄 1/4 个，香菇 3 朵，奶油 15 克，鲜奶 200 毫升，蔬果高汤 600 毫升，猪绞肉 50 克，大米 1 杯。

新手妈咪便利贴

可以使用市售冷冻蔬菜替代，那就不需要准备那么多材料了。

做法

❶ 将四季豆、胡萝卜、番茄、香菇、玉米洗净、切丁备用。

❷ 热油锅放入奶油待溶化，放入绞肉与香菇爆香后再加入蔬菜丁拌炒。

❸ 蔬菜丁炒香后加入大米、高汤煮约两分钟后再加入鲜奶持续炖煮。

❹ 慢炖煮至汤汁收干即可。

小鱼童言童语

因为这道菜的色彩缤纷，含有多种蔬菜，所以小鱼将他命名为牛奶彩色饭，吃了会长得又高又壮，可以跟爸爸一样开大汽车呢！

食材小故事

猪绞肉具有身体所需的蛋白质、脂肪、维生素及矿物质，搭配炖饭口感滑溜十分顺口，不但没有米饭的干硬，也没有粥的软烂，加上炖煮过后充满奶香味，是小孩最爱的美食。

中餐
晚餐
白酱焗饭

材料 香菇5朵，猪肉片少许，洋葱半颗，奶油20克，西兰花1/3颗，豌豆8个，四季豆适量，米饭1碗，白酱2碗，乳酪丝适量。

做法

❶ 洋葱、香菇、西兰花切丁，豌豆、菜豆洗净备用。

❷ 将锅烧热放入奶油烧至溶后，加入洋葱丁拌炒。

❸ 再放入猪肉片、香菇丁、青菜、米饭拌炒均匀。

❹ 将炒过的蔬菜饭放入烤盘中铺平，倒入白酱。

❺ 上面铺上乳酪丝，将烤箱调至180度烤约25分钟即可。

新手妈咪便利贴

- 自己做白酱一点都不难喔！
- 青菜部分可随意更换成自己及孩子喜欢的蔬菜，像是菠菜、小油菜等。
- 如果要让菜色更丰富可以加入彩色甜椒丁或玉米粒，不仅颜色漂亮，口感也不错！

小鱼童言童语

小鱼喜欢奶酪当然也喜欢奶酪，加了白酱的饭奶香味十足而且上头还有他爱的比萨奶酪，每次小鱼妈做这道菜，他都会赞叹，"妈妈煮的比萨牛奶饭是全世界最好吃的！"

食材小故事

白酱可以做很多美食，像是焗饭、焗面、浓汤等都很方便。一次可以制作多一些，以密封袋分装后放在冷冻室内保存，有时偷懒烫个面或者煮个饭，再淋上白酱就很香很好吃。

早餐 中餐

南瓜粥

材料 南瓜 1/4 个，高汤 50 毫升，米饭 1 碗，盐少许。

做法

❶ 南瓜洗净、去皮、切小块。

❷ 将南瓜块放入电饭锅或蒸笼蒸熟。

❸ 将蒸熟的南瓜取出后压碎成泥状。

❹ 在南瓜泥中加入高汤与米饭拌匀煮滚，加少许盐调味即可。

新手妈咪便利贴

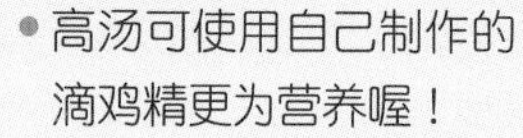

- 高汤可使用自己制作的滴鸡精更为营养喔！
- 因为南瓜的皮较硬用削皮刀不好操作，可以先切片后再将外皮切除。

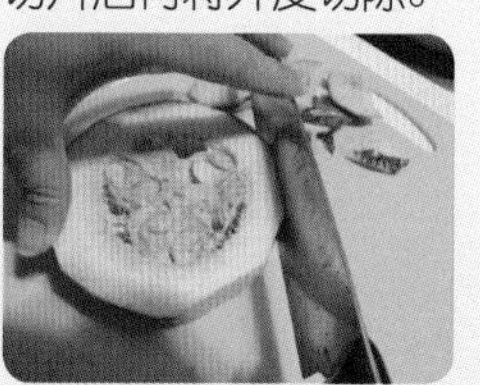

- 为了增加钙质，还可以洒上芝麻，味道会更香浓可口。

小鱼童言童语

甜甜的南瓜超好吃喔！小鱼每次看到我买南瓜都会问："万圣节到了吗？"为什么妈妈的南瓜都没有眼睛和嘴巴呢？

食材小故事

南瓜的 β- 胡萝卜素含量是瓜类之冠，甜甜的小孩都很爱吃。每年的 4 月到 10 月是盛产期，可以多加食用，只要存放于荫凉处可保存半个月，放冷冻则可保存 2～3 个月，是小鱼妈的常备食材。

早餐 晚点

燕麦咸粥

材料 燕麦片 1 杯，水或高汤 5 杯，胡萝卜片、绿色青菜切小片，肉片或鱼丸各适量，盐少许。

做法

❶ 肉片先烫八分熟后取出备用。

❷ 水（高汤）煮滚后加入蔬菜片、胡萝卜片及鱼丸煮至熟。

❸ 加入燕麦片煮约 1 分钟。

❹ 最后加入烫熟的肉片及青菜略煮。

❺ 加入少许盐调味即可。

新手妈咪便利贴

- 为免肉片煮过久变柴影响口感，可先将肉片汆烫至八分熟后捞起，最后再加入；除了猪肉片之外，也可以替换成牛肉片或鸡肉片。
- 小鱼妈选择市售的即溶燕麦片，只要泡热水就可以食用，是非常方便的食材。

小鱼童言童语

小鱼去姥爷、姥姥家时看到叔叔喂食笨鸡的饲料中有类似麦片的谷类，所以每次煮麦片时，他都问我："这是咕咕鸡要吃的吗？"我都会跟小鱼说，"吃麦片才能像咕咕鸡那样跑很快啊！"所以小鱼吃麦片时总是特别大口。

食材小故事

麦片所含的蛋白质是大米的 1.5 倍之多，且有人体所需的 8 种氨基酸，加上易软烂，烹调起来极为快速方便，很适合给小朋友做晚餐，5 分钟就可以上菜。

早餐
中餐
晚餐
蔬果鱼片面条

材料　无刺鱼肉适量，胡萝卜 1 小根，蔬果高汤 1500 毫升，面条 1 把，姜 1 小块，葱花 少许。

做法

❶ 姜切片后放入高汤内煮滚。

❷ 胡萝卜先净、切片，用饼干模压成可爱图案，放入高汤内一起烹煮。

❸ 鱼肉洗净、切片后放入高汤内同煮。

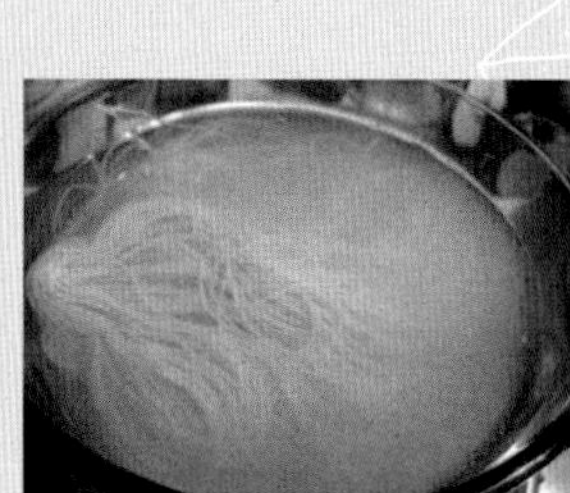

❹ 另烧一锅水，待水煮滚后加入姜及面条煮熟后捞起。

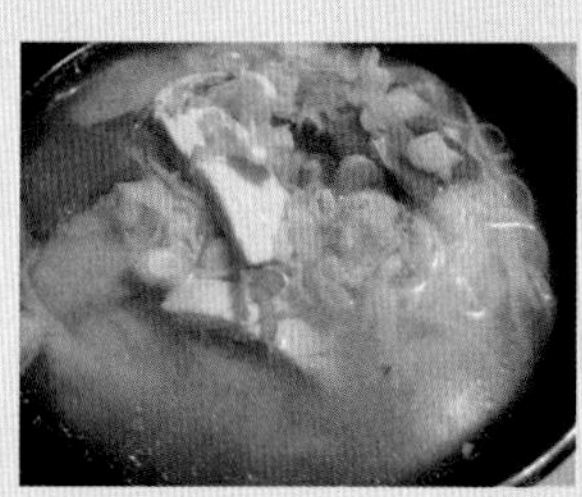

❺ 将面条放入碗中，加入鱼片高汤后洒点葱花即可（如果孩子不吃葱可不加）。

新手妈咪便利贴

- 饼干模塑型后剩余的红萝卜别丢掉，可以收集起来，存放于密封袋中，每周清理冰箱时再将这些剩余的食材集合起来熬煮蔬菜高汤。
- 姜不可省略喔！因为姜可以去除鱼的腥味，可先切片放入一起烹煮，之后再将姜片捞起。
- 如果是年纪较小的宝宝要吃，可将面条剪短、鱼切小丁，会更便食用。

小鱼 童言童语

“哇！面里有胡萝卜耶！”小鱼一直都很爱吃胡萝卜，会一直捞面里的胡萝卜急着吃掉呢！

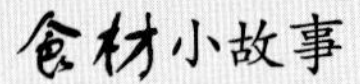

食材小故事

鱼片可以选择市售处理过的无刺鱼片来制作较适合小孩食用，烹调时也方便。

午点 晚点

焗烤马铃薯

材料　马铃薯3个，奶油30克，盐5克，比萨用奶酪丝适量。

做法

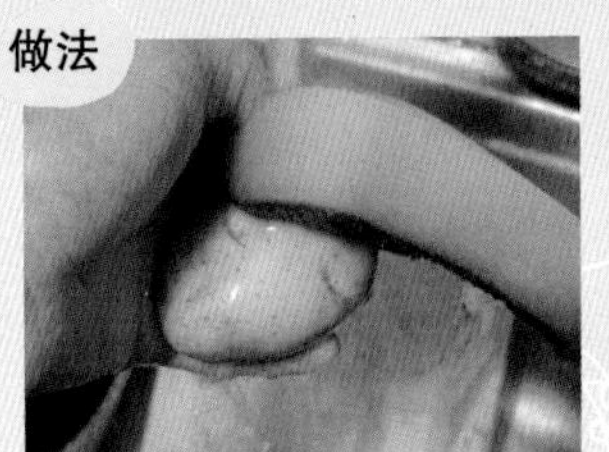

❶ 先将马铃薯刷洗干净后，去皮切小块备用。

❷ 将切块的马铃薯放入电饭锅，外锅加1杯水蒸熟。

❸ 蒸熟的马铃薯趁热拌入奶油，拌匀后压成泥状。

❹ 用汤匙将马铃薯泥挖入烤盘或者耐热的杯子中。

❺ 在马铃薯最上面洒上奶酪丝，将烤箱调至180度烤15分钟即可。

新手妈咪便利贴

- 注意马铃薯如果发芽千万不能食用。因为发芽处会有生物硷不适合食用。
- 要测试马铃薯是否蒸熟时可以使用筷子，若很容易插入就表示蒸熟了。

- 每个人家中的烤箱温度不尽相同，请依照自己的烤箱大小调整烘烤的时间。

小鱼童言童语

小鱼很爱吃比萨，所以每次看到有“牵丝”的食物他都会误以为是比萨，这道马铃薯比萨就是小鱼十分喜爱的一道菜，他还曾经邀请其他的小朋友，“来我家吃马铃薯比萨好吗？”。

食材小故事

马铃薯又称为“大地的苹果”是西方国家主要的粮食之一，含有丰富的维生素C和钙，直接煮、烤、炸都各有不同的风味，而且含有钾成分可以帮助体内的钠排出体外。

中餐
晚餐
梅酱小黄瓜

材料 大蒜1个，九层塔2株，白醋30毫升，酱油20毫升，麻油少许，梅酱（随个人喜好），小黄瓜2条。

新手妈咪便利贴

大人的沙拉酱汁可加上辣椒酱或新鲜辣椒切末，风味更佳。

作法

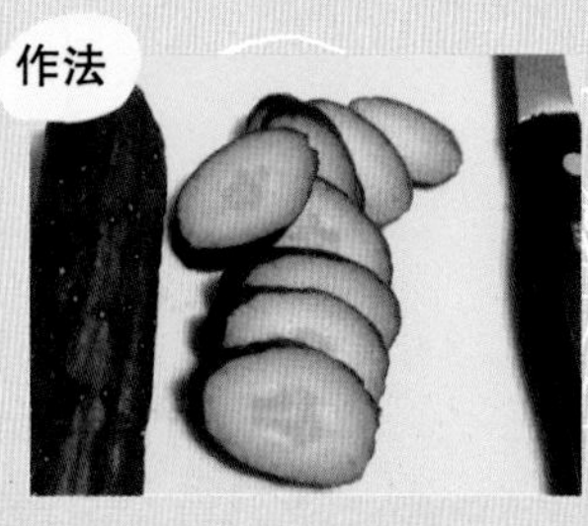

❶ 小黄瓜洗净后切薄片备用。

❷ 大蒜、九层塔洗净、切末后加入白醋、酱油、梅酱、麻油制作成沙拉酱汁。

❸ 将沙拉酱汁淋在小黄瓜片上即可。

小鱼童言童语

小黄瓜的口感爽脆可口，每次我们外出吃饭，只要色拉里有小黄瓜，小鱼一定会通通搜刮走，这道梅酱小黄瓜就是小鱼奶奶特地为了心爱的孙女研发的，所以小鱼每次吃得时候总会想起奶奶的味道。

食材小故事

因为小鱼的胃口一直不太好，奶奶听说梅子可以开胃，就自己熬制添加梅子和糖的纯正梅酱给小鱼吃，没想到小鱼非常喜欢奶奶的爱心梅酱；后来有朋友到家里来吃过后也一试成主顾，恳请我拜托婆婆帮忙制作，但由于制作耗时，必须要站在炉火前好几个小时不停的搅拌以免烧焦，所以产量也不高，吃过的人都赞不绝口呢！

晚点

古早味蛋饼

小鱼 童言童语

小鱼喜欢在蛋饼里面夹入满满的肉松，因为他觉得妈妈煎的蛋饼香香软软的，加上肉松是世界上最好吃的食物，而且蛋饼起锅前卷成三卷好像是在卷棉被，超级有趣。

材料 高筋面粉 90 克，低筋面粉 50 克，盐 3 克，莲藕粉 20 克，太白粉 10 克，蛋 1 个，葱 1 根，胡萝卜 1 小块，水 250 毫升。

做法

❶ 高筋面粉及低筋面粉过筛备用。

❷ 莲藕粉跟太白粉用 50 毫升水泡开后，加入蛋搅拌均匀。

❸ 葱切末、胡萝卜磨成泥备用。

❹ 作法❷中倒入面粉搅拌，并加入葱末、胡萝卜泥、盐、水 250 毫升调成蛋饼糊。

❺ 起油锅，待油热（出现油纹）。

❻ 将蛋饼糊倒入，稍摇晃锅子将面糊铺平。

❼ 待煎至金黄色后再翻面煎，双面煎熟后用铲子折成三折，起锅切块即可。

新手妈咪便利贴

- 如果无莲藕粉使用地瓜粉代替也可以。
- 小鱼妈跟大家分享一下蛋饼翻面煎的技巧：

1. 先取一个比锅子小一点点的盘子盖在要翻面的蛋饼糊上。

2. 手扶着盘子将锅内的蛋饼倒扣出来。

3. 再将盘子上的食物倒回锅内煎即可。

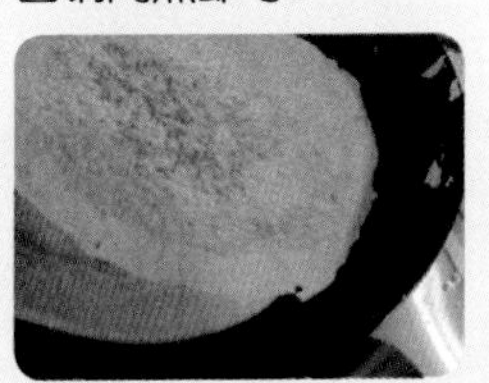

食材小故事

胡萝卜磨成泥是因为有些孩子不爱吃红萝卜，磨成泥之后就看不到红萝卜了。一点一点的红色小装饰，搭配上绿色的葱末，红、绿、黄三色蛋饼，漂亮又营养，

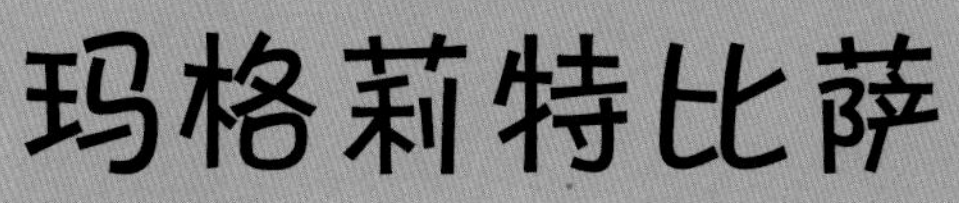

玛格莉特比萨

材料　〔面团〕高筋面粉 250 克，油 2 大匙，砂糖 10 克，盐 6 克，水 160 毫升，酵母粉 3 克。

〔馅料〕番茄酱适量，比萨用奶酪丝适量，番茄 1 个，生罗勒叶（或九层塔）适量。

新手妈咪便利贴

- 可以加入自己或孩子喜爱的食材做变化，像是加入菠萝片跟虾仁就变成酸甜可口的夏威夷比萨。
- 如果没空自制饼皮也可以用水饺皮或吐司代替，更方便喔！

做法

❶ 在面粉里加入砂糖、酵母粉、盐、水后搅拌均匀，揉至面团光滑后静置发酵 1 小时。

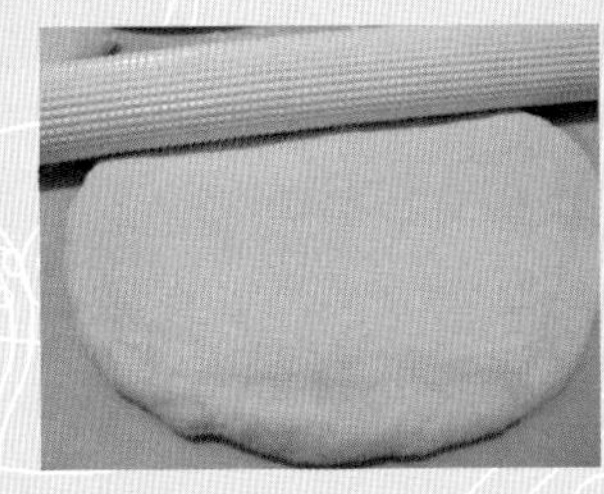

❷ 将发酵后的面团一分为二后用杆面棍杆平。

❸ 杆平的面皮加入番茄酱，抹平后加入比萨用起司丝。

❹ 番茄洗净切片后摆放在奶酪丝上面。

❺ 将烤箱调至 180 度预热 5 分钟后，将比萨面团放入烤箱内烤 15～20 分钟。

❻ 出炉前 3 分钟放入罗勒叶装饰，再烤一下即可。

小鱼童言童语

小鱼看到叶菜类的蔬菜都会说“树”，所以我每次做这道美食时小鱼都会大叫：“我不要吃树啦！我不是羊咩咩……”，逗得妈妈哈哈大笑。

食材小故事

九层塔是罗勒吗？说对也不对，九层塔和罗勒是不同品种但近似的植物，不过严格说起来口感略有差异，九层塔有较重的涩味，当然如果孩子不喜欢，不加也无妨。

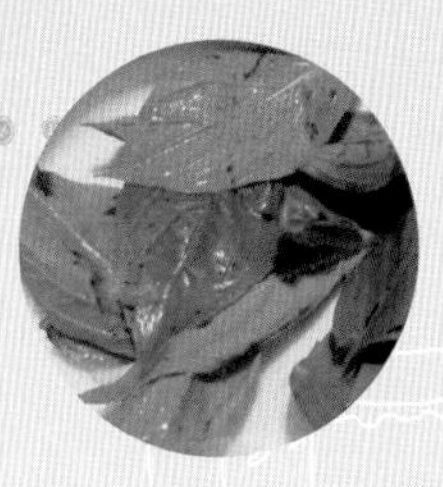

早餐

黄瓜三明治

材料 小黄瓜 1 根，吐司 1 片，蛋黄酱少许。

做法

❶ 小黄瓜洗净、汆烫后，用削皮刀切成薄片备用。

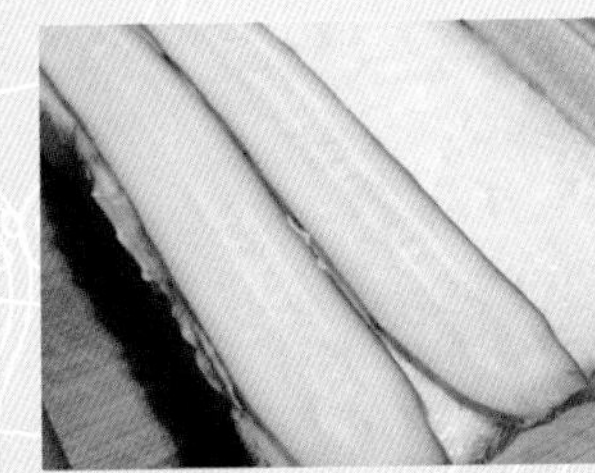

❷ 吐司涂上蛋黄酱后，将黄瓜薄片整齐铺上。

❸ 切去吐司边后，再切成一口大小即可。

新手妈咪便利贴

- 一般来说，小鱼妈很少让小孩吃生的食物，所以小黄瓜可以稍微用热水烫过后再削成片。

- 可加上自制的鸡肉松在上面，再加上造型可爱的小叉子。
- 制作时也可以请小朋友一起帮忙，像是涂蛋黄酱或铺上黄瓜片，自己做的更好吃喔！

食材小故事

小黄瓜选择外表多刺、瓜身硬的较好，瓜身松软代表不新鲜。此外，瓜身也不宜太长，以免籽较多口感不佳。清洗时可以先用小苏打粉浸泡 10 分钟，之后再用牙刷或刷子刷洗凹凸不平的表皮，最后再用流动的清水冲洗干净即可。

小鱼童言童语

因为小黄瓜切薄片很像绿色隧道，小鱼都叫它"马路吐司"；小黄瓜的口感清脆爽口加上甜甜的美乃滋，小鱼一次可以吃掉好几块呢！

早餐 晚点

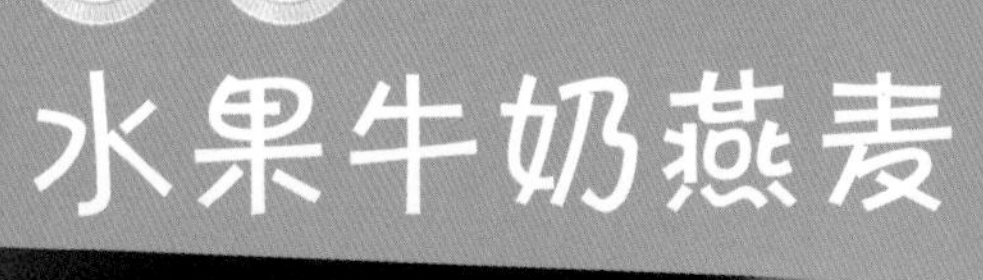

水果牛奶燕麦

材料 苹果半个，玉米粒适量，燕麦片 1 杯，牛奶 200 毫升，糖 20 克，水 50 毫升。

做法

❶ 苹果洗净、去皮、切丁泡盐水备用。

❷ 燕麦片加水煮开后，加入玉米粒煮滚。

❸ 加入鲜奶、糖（或蜂蜜）调味。

❹ 放凉后加入苹果丁即可。

新手妈咪便利贴

- 苹果泡盐水是为了避免氧化。
- 妈妈也可以用孩子喜欢的其他水果代替，如草莓、蓝莓、香蕉、圣女果(小西红柿)等。

小鱼 童言童语

小鱼很爱吃水果，所以只要有水果的食物，他都很爱吃，而且他都会很自豪地跟我说："妈妈！我是水果王子！"

食材小故事

不爱喝牛奶的孩子也可以吃这道燕麦粥来补充钙质。加上燕麦的纤维多，可以让大便通畅，大便不通畅的小孩一定要试试看。

第三章

小鱼妈简便清理冰箱食材的烹饪

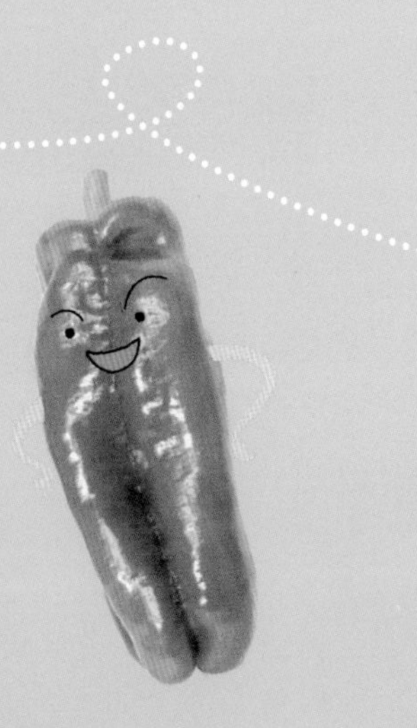

有效利用冰箱现有食材，变化成大人及小孩都可以吃的餐点，不仅不浪费，还可以让孩子将不喜欢的食材通通吃下喔！

宝宝菜饭

材料 大米2杯，冷冻三色蔬菜1杯，胡萝卜1根，小油菜2棵，橄榄油、香葱酱各少许，水2杯。

做法

❶ 在平底锅中加入少许橄榄油及香葱酱用小火炒香。

❷ 锅中放入洗净、沥干的生米两杯。炒至米粒略呈透明状后加入烫熟的冷冻蔬菜，略微翻炒后盛起。

❸ 胡萝卜洗净削丝、小油菜的菜梗切丁，铺在米饭上面后，加入水两杯放入电饭锅内烹煮。

❹ 待饭煮熟后再把剩下的切碎小油菜叶放入拌一下。

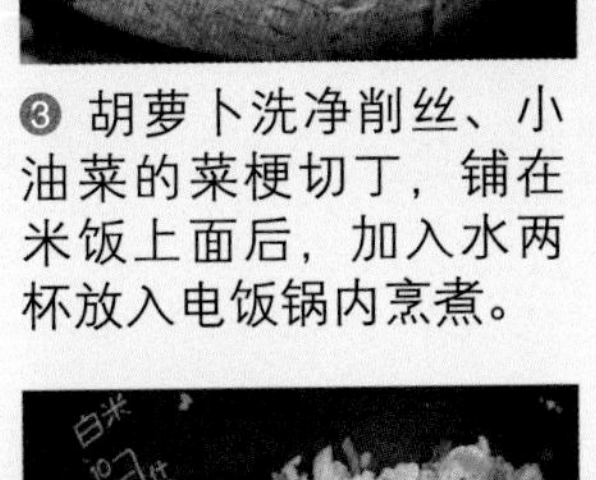

❺ 焖5分钟后，将所有食材拌匀即可。

新手妈咪便利贴

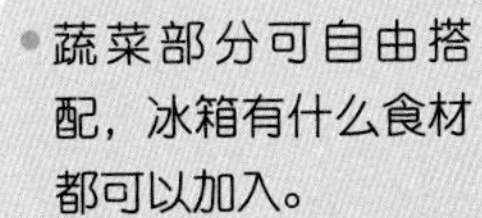

- 蔬菜部分可自由搭配，冰箱有什么食材都可以加入。
- 部分蔬菜会出水，所以水量只需与米量相同即可。
- 大人吃的还可以加XO酱拌匀，超级香喔！

小鱼童言童语

颜色对小鱼非常有吸引力，他最喜欢先把菜饭中的绿色豆豆都捞起来吃光光，同时还会大声嘟囔，彩色饭好好吃呀！

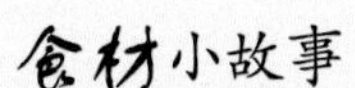

食材小故事

香葱酱是用红葱头加入猪油长时间慢火熬煮而成的，香气浓厚，用来拌面或拌饭都非常方便且好吃。小鱼妈家里随时都会准备香葱酱，赶时间的时候随便下个面拌上香葱酱和酱油、醋就是一碗香喷喷的干拌面了，味道绝对不输外面买的。

早餐 中餐 晚餐

鱼片粥

材料 大米1杯，蔬果高汤1500毫升，无刺鱼片数片，胡萝卜1根，玉米粒半杯，姜1小块，葱1根。

做法

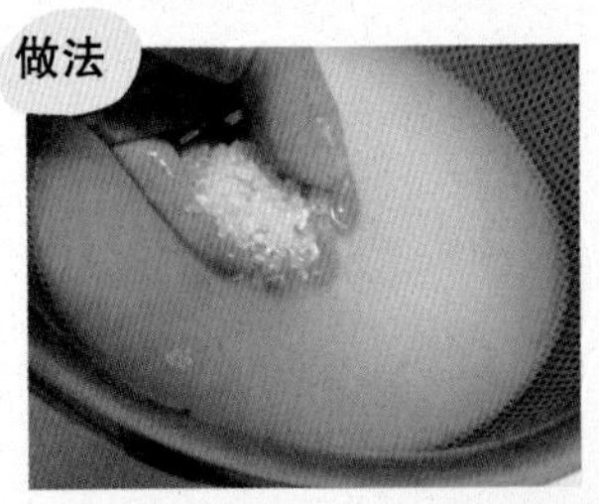

❶ 大米洗净，胡萝卜洗净、切片，姜洗净、切片，葱洗净、切末备用。

❷ 蔬果高汤加入大米，慢火熬煮至大米软烂。

❸ 加入胡萝卜片、鱼片、姜片、玉米粒一起煮约5分钟。

❹ 待胡萝卜软烂后洒上葱末即可。

新手妈咪便利贴

- 胡萝卜可以用饼干模塑型，剩余的红萝卜不要丢掉，留下来熬高汤非常美味。

- 如果赶时间也可使用白饭来熬煮；可待所有食材煮熟后再加入白饭煮至滚即可。
- 注意喔！烹煮时不可过度翻动鱼片，以免鱼肉散掉。

食材小故事

给孩子吃的鱼一定要煮熟，没煮熟的话容易有寄生虫，而且必须要小心鱼刺。小鱼妈建议忙碌的上班族妈妈或者没时间慢慢剔除鱼刺的妈妈可以直接买生鱼片，就不用担心鱼刺的问题。像是多利鱼、鲷鱼、鳕鱼、鲑鱼，都是腥味较淡、口感软嫩，孩子接受度较高。

小鱼童言童语

小鱼以前不爱吃鱼，后来爸爸和他说吃鱼会变聪明，他就开始愿意接受鱼的美食了，因为他想要像爸爸一样聪明。

蔬菜面疙瘩

小鱼 童言童语

颜色缤纷的面疙瘩最能吸引小鱼的目光，他喜欢吃这种五彩缤纷的彩色面，如果问他最喜欢什么颜色，他就会说，橘色、黄色、绿色，通通都喜欢，妈妈听到这句最开心了。

材料 高筋面粉 60 克，低筋面粉 60 克，盐少许，玉米、胡萝卜、小油菜各适量。香葱酱、酱油、葱花各少许。

新手妈咪便利贴

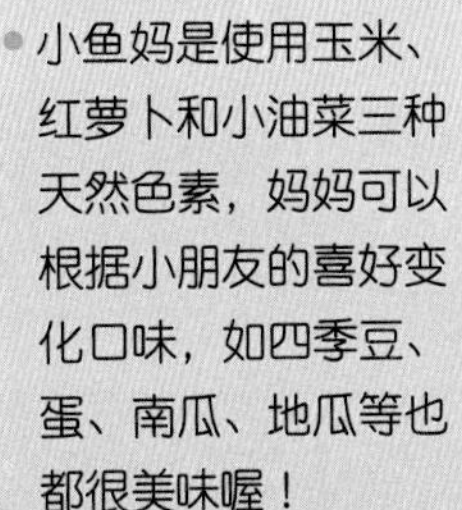

- 小鱼妈是使用玉米、红萝卜和小油菜三种天然色素，妈妈可以根据小朋友的喜好变化口味，如四季豆、蛋、南瓜、地瓜等也都很美味喔！
- 因为面粉量较少，且烫过的蔬菜本身就含有水份了，所以制作时不需要再额外加水就足够揉面团了。
- 将面团杆平切成长条形，就变成蔬菜面条了。

做法

❶ 将胡萝卜、小油菜洗净，烫熟。

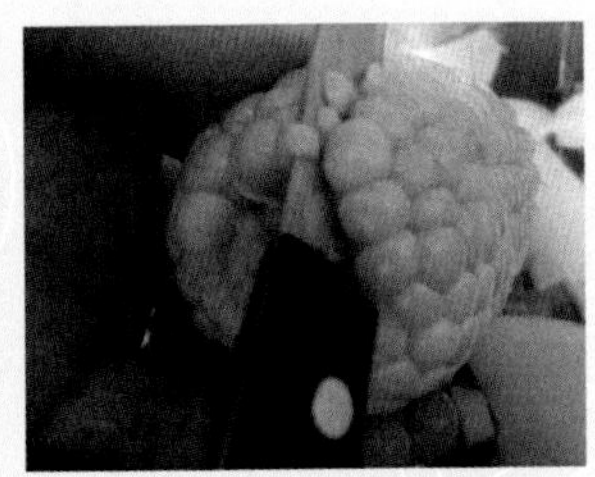

❷ 玉米洗净、烫熟放凉后，用刀切下玉米粒。

❸ 将做法❶、❷的食材分别放入食物搅拌机打成蔬菜泥。

❹ 将蔬菜泥分别加入高、低筋面粉中搓揉均匀，成各色面团。

❺ 将揉好的蔬菜面团捏成拇指大小，并洒点面粉避免粘黏。

❻ 水煮滚后，将捏好的面疙瘩放进去煮约 5 分钟即可捞起。

❼ 加入香葱酱、适量酱油和葱花一起搅拌均匀即可。

食材小故事

玉米比白饭含有更多的胡萝卜素与膳食纤维，可以预防便秘、增加饱足感。所以每当小鱼吃不下饭的时候，我就会直接煮一根玉米让他当一餐，不过为了避免玉米农药残留，建议烹煮前要先刷洗，再用大量清水冲洗；并先氽烫后再换另外一锅清水重新煮。

早餐 中餐 晚餐

牛肉番茄通心粉

小鱼 童言童语

每次食用番茄时，小鱼就会回忆起他亲自采番茄的趣事，所以只要食物中有番茄，他都会努力把饭吃光光，因为他知道栽种番茄的辛苦。

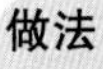

材料 洋葱半个，大蒜 5 瓣，牛绞肉 100 克，番茄 2 个，番茄浓缩汁 50 毫升，通心粉 2 碗，玉米笋 3 根，橄榄油少许，盐 1 小匙。

做法

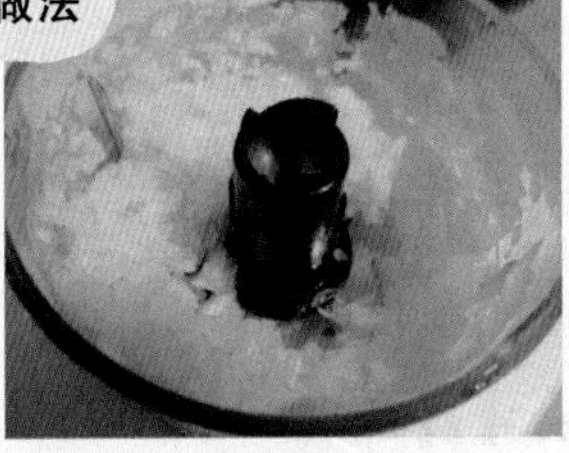

❶ 蒜、洋葱洗净、去外膜后，放入搅拌机内搅碎后备用。

❷ 番茄洗净、氽烫、去皮后切成小丁，玉米笋烫熟切片。

❸ 油锅放入橄榄油，待油热后加入牛绞肉拌炒。

❹ 加入做法❶及❷再加入番茄浓缩汁盖上锅盖，慢火熬煮至番茄软烂。

❺ 另煮一锅清水，水滚后加入 1 匙盐，并放入通心粉煮约 15 分钟捞起，冲冷开水备用。

❻ 淋上做法❹的牛肉番茄酱汁，加上玉米笋即可。

新手妈咪便利贴

- 如果家里有多余的圣女果（小西红柿）也可以替代番茄，口感一样好吃。
- 番茄去皮的方法是在蒂头部份画十字刀，放入滚水中煮约 3 分钟后捞起，之后用冷水稍加冲洗即可轻松的将皮去掉。

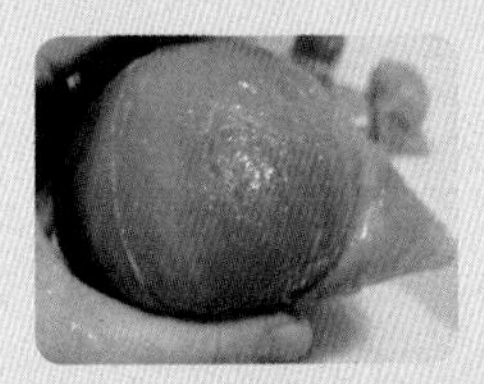

- 清洗牛绞肉时可置于漏网中，直接放置于水龙头下冲洗。

食材小故事

番茄的营养价值极高。因为小鱼很爱吃番茄，所以小鱼姥姥就种了一小片番茄给小鱼吃，由于采番茄时必须要蹲跪在地上翻找成熟的，所以非常辛苦！

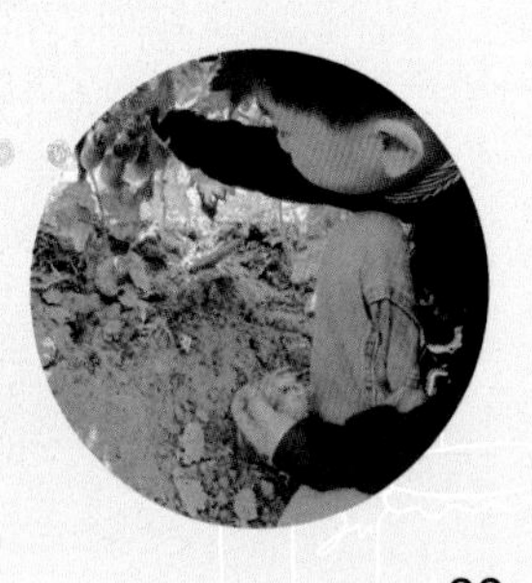

彩色螺丝水果凉面

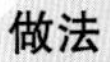

材料 圣女果（小西红柿）10个，苹果半个，枣1颗，橘子6瓣，彩色螺旋通心粉1碗，优酪乳100毫升，糖10克，蜂蜜10克，盐1小匙。

做法

❶ 所有水果洗净、切丁备用。

❷ 水煮开后放入1小匙盐，再放入通心粉煮约15分钟熟透后捞起。

❸ 将煮熟放凉的通心粉加入优酪乳、糖、蜂蜜搅拌均匀。

❹ 将通心粉放置于浅盘中间，两旁再铺上水果丁即可。

新手妈咪便利贴

- 制作时妈妈可以选用孩子爱吃的当季水果来增加孩子进食的意愿，像番石榴、橙子、橘子、李子、香蕉、苹果、番茄、菠萝、莲雾通通都可以。
- 煮意大利面时加盐可以让面条更有味道，并使面条紧缩有弹性。

小鱼童言童语

没有小孩不爱颜色缤纷的水果凉面喔！里面有小孩最爱的水果丁及蜂蜜，微酸微甜的冰凉口感是夏天的开胃菜，当酷夏小鱼胃口不佳时，小鱼妈就会端出这道冰冰凉凉的彩色螺丝水果凉面，让小鱼胃口大开呢！

食材小故事

优酪乳中的乳糖经过发酵后已转变成乳酸，所以喝起来有点酸酸的，不易造成腹泻。使用优酪乳入菜还可以帮助不爱喝牛奶的孩子补充钙质。

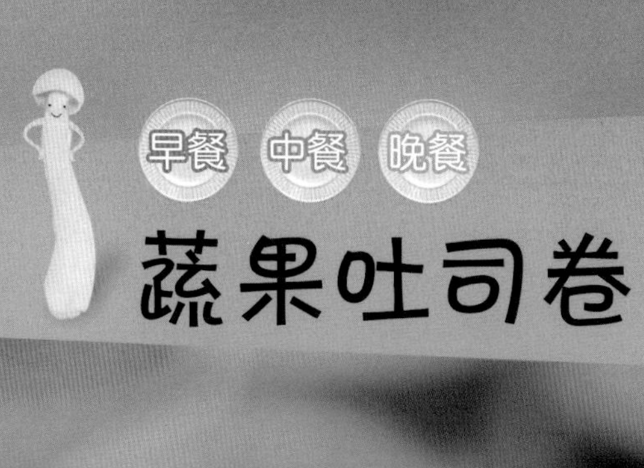

早餐 中餐 晚餐

蔬果吐司卷

材料　吐司4片，奶酪片1片，苹果半个，马铃薯丁、胡萝卜丁、小黄瓜丁、玉米粒各适量，沙拉酱少许、保鲜膜少许。

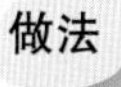

做法

❶ 马铃薯丁、胡萝卜丁放入锅中煮熟、放凉备用。

❷ 生小黄瓜丁用热水稍微汆烫后放凉备用。

❸ 苹果洗净、削皮、切丁，加入做法❶、❷及玉米粒、沙拉酱搅拌均匀做成蔬果沙拉。

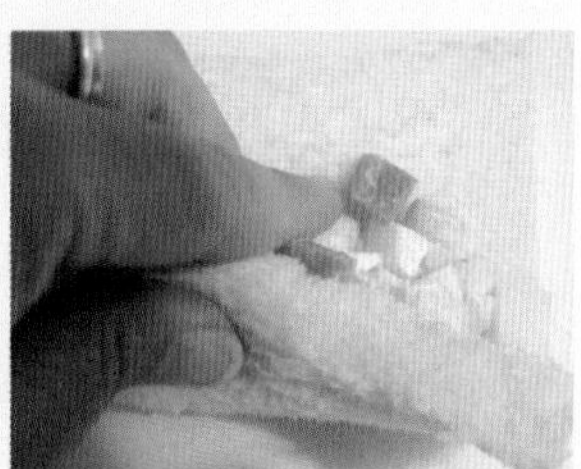

❹ 吐司放平，于一端均匀放上些蔬果沙拉，并卷起来。

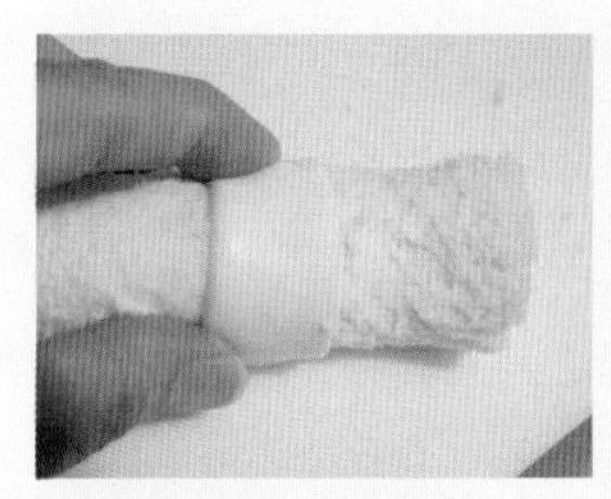

❺ 起司片切成长条，沿吐司中间卷一圈即可。

❻ 最后再用保鲜膜包覆即可。

新手妈咪便利贴

- 制作大人的口味可加甜辣酱或者剥皮辣椒，非常开胃喔！
- 如果吐司稍干不好卷，可以用杆面棍稍微杆平较好卷。

小鱼童言童语

小鱼很喜欢吃这种可以用手握住的蔬果吐司卷，用手拿着吃相当方便，他都称这道菜为"面包寿司"。

食材小故事

小鱼妈的吐司都是自制的。有时自制吐司放到隔天会稍硬，只需放在电锅饭里稍微干蒸一下，口感就会恢复。

早餐 中餐 晚餐
迷迭香马铃薯

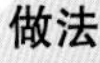

材料 马铃薯3个，橄榄油20毫升，迷迭香1支，盐少许，铝箔纸半张。

做法

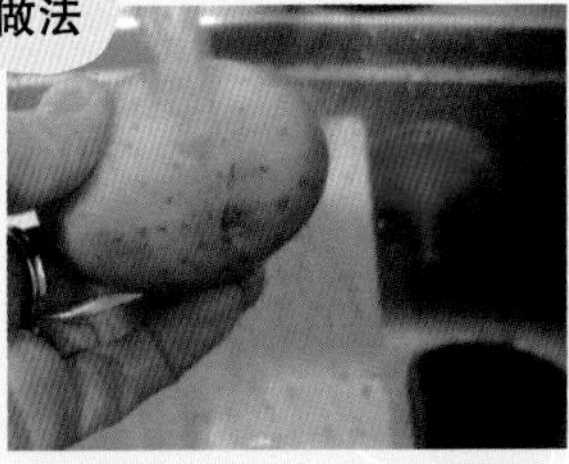

❶ 将马铃薯刷洗干净后切片。

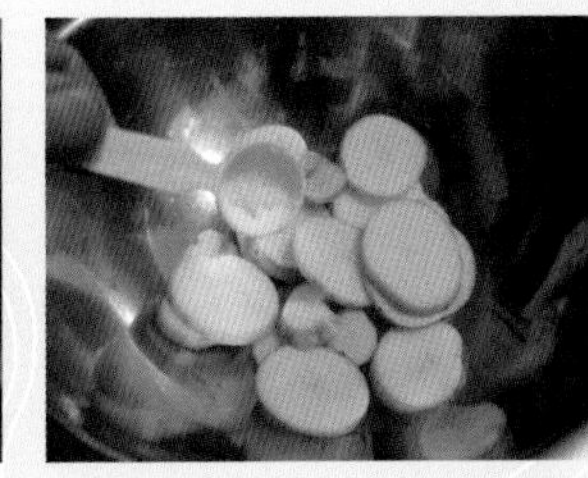

❷ 将切片的马铃薯加入盐稍微拌一下。

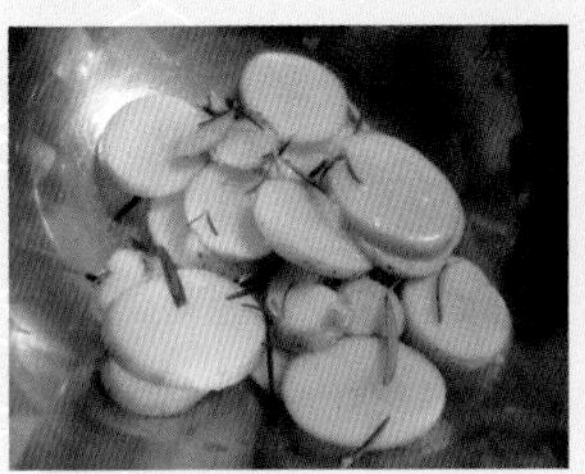

❸ 再加入橄榄油及迷迭香拌匀。

❹ 将马铃薯放入烤盘中，盖上铝箔纸。

❺ 放入烤箱调至200度烤20分钟，打开铝箔纸再烤5分钟即可。

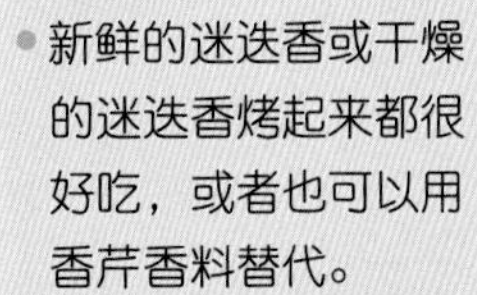

新手妈咪便利贴

- 新鲜的迷迭香或干燥的迷迭香烤起来都很好吃，或者也可以用香芹香料替代。
- 如果没有香料也可以用奶油替代或不加，加盐原味烤着吃也很受小孩欢迎，作菜可以很随性。

小鱼童言童语

烤完的马铃薯吃起来松松软软有点像苹果的口感，小鱼总是问我，“为什么‘苹果’要放进烤箱烤？”我都会告诉小鱼，“这是马铃薯，就是炸薯条用的马铃薯。”一听到这道菜和炸薯条的马铃薯是相同食材，小鱼当然也很捧场了！

食材小故事

迷迭香有杀菌、抗氧化的作用，此外还可以帮助脂肪消化；特殊的香味也能赶走害虫，因此小鱼妈喜欢在家里种香草，煮菜时可以随手抓一把加进去，甚至摆盘、煮茶都很好用，真是多功能型的盆栽，很建议妈妈们种植。

中餐
晚餐
宝宝口味鲁肉燥

材料 猪绞肉1包，苹果1/4片，有机红萝卜少许，蒜、油葱、酱油、糖各少许。

做法

❶ 蒜和苹果洗净、去皮切碎，红萝卜洗净切碎。

❷ 将做法❶拌入猪绞肉，加入少许糖、酱油、油葱。

❸ 放入电饭锅内，外锅加一杯水蒸熟即可。

新手妈咪便利贴

- 也可以用滴完鸡精后的鸡肉来做。一点都不浪费食材。
- 给孩子吃的不用过度调味，带点淡淡的咸香味就可以了。

小鱼童言童语

小鱼最爱吃妈妈自制的鲁肉饭了，每次一端上桌，小鱼就会惊呼，“好香好好吃喔！妈妈比大厨还厉害喔！”妈妈听了超开心呀！自己煮的味道果然最棒。

食材小故事

请选用无焦糖色素且经120天以上曝晒的天然酱油，较健康。

鸡肉松

材料 滴完鸡精的去骨鸡肉或新鲜鸡胸肉。

做法

❶ 用滴鸡精完的鸡肉去除骨头，置于食物搅拌机略打碎。

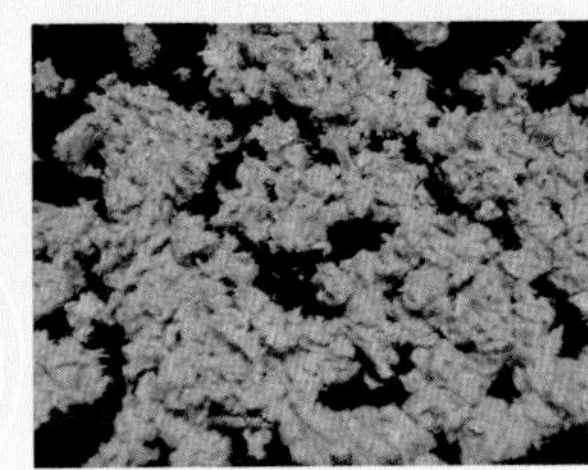

❷ 将碎肉平铺在烤盘内，用 70 度烤约 20 分钟。

❸ 烤干后的鸡肉再放入食物搅拌机内打碎后即成鸡肉松。

新手妈咪便利贴

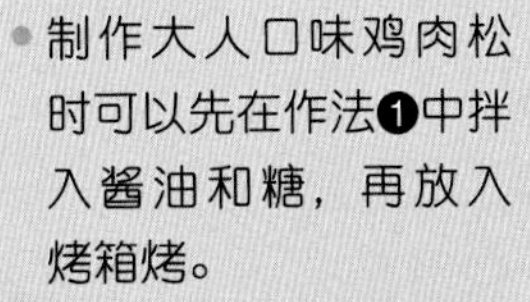

- 制作大人口味鸡肉松时可以先在作法❶中拌入酱油和糖，再放入烤箱烤。
- 制作完成的鸡肉松可以存放于小玻璃瓶内，要食用时再拿出来即可，小瓶也很方便外出携带。

小鱼童言童语

肉松也是小鱼很喜欢的食材之一，每次吃什么都喜欢加肉松，有一次爸爸买了豆花回家，小鱼竟然问，"我可以加鸡肉松一起吃吗？"

食材小故事

一般滴完鸡精的鸡肉因为没有味道且较涩所以都会丢弃不要，但是小鱼妈秉持爱物惜物的精神，尝试将滴完鸡精的鸡肉大变身，没想到相当成功，从此滴完鸡精还有鸡肉松可以吃，一物两用呢！

早餐
午点
晚点
南瓜煎饼

材料 南瓜泥 250 克，低筋面粉 200 克，糯米粉 50 克，杏仁片 30 克，盐 3 克，糖 10 克。

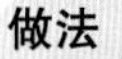

做法

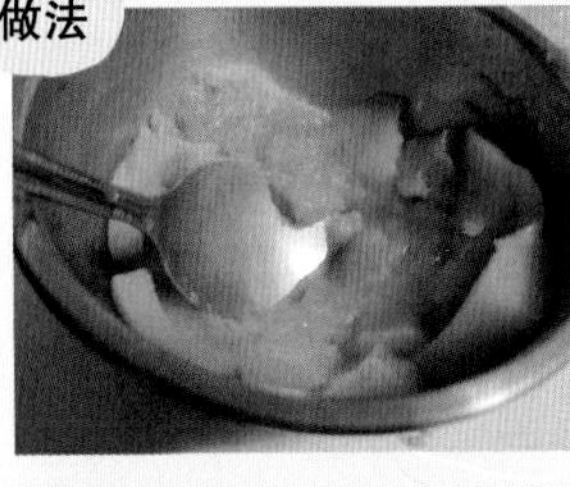

❶ 南瓜洗净，切小块放入电饭锅中蒸熟（外锅放 1 杯水），去皮后再压成泥。

❷ 依次序在南瓜泥中加入糯米粉、低筋面粉后加入盐、糖及杏仁片搅拌均匀备用。

❸ 平底锅烧热加入少许油，将南瓜面团煎至两面金黄即可。

新手妈咪便利贴

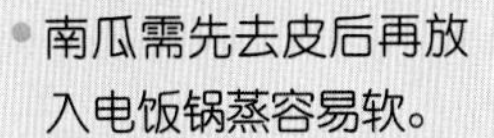

- 南瓜需先去皮后再放入电饭锅蒸容易软。
- 南瓜也可替换成地瓜、芋头或山药，都非常好吃。
- 也可以将面团塑型后粘上香草叶片作装饰再入锅煎，看起来更美味。

小鱼 童言童语

南瓜甜甜的加上杏仁片层次丰富的口感，真的会让孩子忍不住一片接一片吃呢！像小鱼就很喜欢吃南瓜煎饼时咬到杏仁的惊喜感，当孩子不想吃饭的时候，当正餐也可以。

食材小故事

小鱼妈比较喜欢使用南瓜来做菜。形状跟木瓜很像，较圆型的南瓜口感较软。南瓜富有蛋白质与胡萝卜素及多种维生素胺基酸，不过也因为有胡萝卜素，所以不能长期过量让孩子食用，以免皮肤变黄。

早餐
午点
晚点
豆渣蔬菜煎饼

材料 豆渣1碗，蛋1个，玉米粒半杯，海苔2片，葱两根，盐适量。

做法

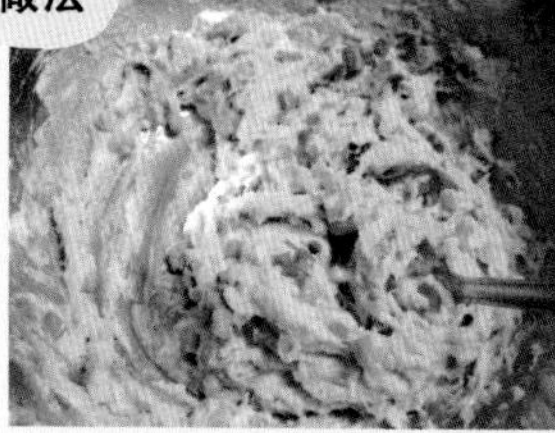

❶ 取一深锅将所有材料放入搅拌均匀即成面糊。

❷ 将面糊放入油锅内，煎至两面金黄即可。

新手妈咪便利贴

- 将盐换成砂糖就会变成甜的煎饼喔！煎成小块也可变成可口的午餐。
- 如果家里的孩子不爱吃肉或青菜，妈妈还可以偷偷切碎放进去一点。
- 加上甜辣酱，甜甜辣辣非常开胃，很适合大人吃。

小鱼童言童语

喜欢吃海苔的小鱼看到煎饼里有海苔，就不排斥这道菜，而且豆渣吃起来口感绵密，小鱼有时还会指定要吃软软的海苔蛋饼呢！

食材小故事

豆浆煮完后过滤出来的豆渣不要急着扔掉，它的用途很广，除了可以当清洁剂去除油污外，也可以加入松饼粉制作成豆渣松饼，会有海绵蛋糕的口感。当然也可以加入绞肉制作成肉丸子，全绞肉的肉丸口感较软嫩，更能掳获小孩的心。

早餐 午点 晚点

吐司脆饼

材料 吐司4片（放隔夜变干硬的吐司），面粉（高、中、低筋都可以）20克，白砂糖80克，奶油100克。

新手妈咪便利贴

- 每个人的烤箱温度不尽相同，请自己调整烘烤时间与温度。
- 在烤好的吐司脆饼上洒上糖霜，像下雪一样会更有趣味。

做法

❶ 奶油隔水加热至溶化。

❷ 吐司切成丁或长条形。

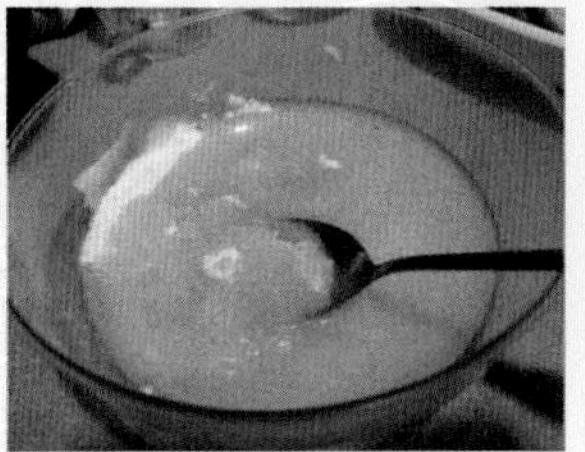

❸ 将奶油、面粉、砂糖倒入锅中搅拌均匀。

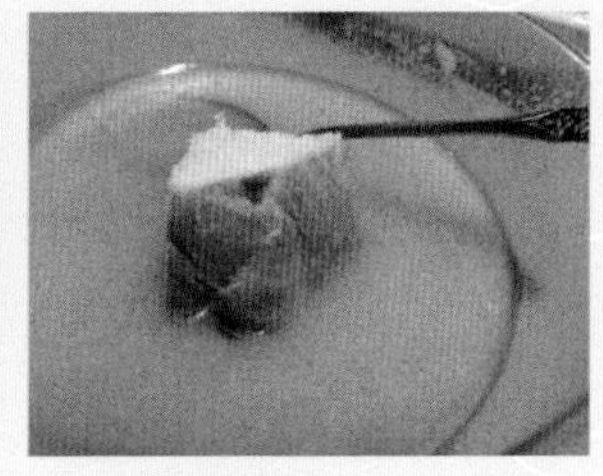

❹ 将吐司块（条）放入作法❸包裹奶油。

❺ 在烤盘上铺上烤盘纸，放入裹好奶油的吐司块，放进烤箱。

❻ 调至150度烤10分钟，至表面酥脆即可。

食材小故事

平常做三明治切下来的吐司边非常适合拿来制作这道吐司脆饼呢。一来吐司边烤成吐司脆饼会更加香脆，二来也不浪费食物。

小鱼童言童语

口感酥酥脆脆且口味甜滋滋的吐司脆饼，适合作为孩子的零食。吐司裹满奶油放进烤箱烘烤，满室奶香非常浓烈，烹调起来身心愉悦，每当小鱼闻到浓浓的奶香就会直接跑进厨房问，“妈妈烤好了没有？烤好了没有？我好饿好饿了！”

自制滴鸡精

材料　鸡半只，姜 10 片，蒜 10 瓣，红萝卜 1 根，红枣 10 个。

做法

❶ 将鸡肉洗净、切块后放入热水中汆烫去血水。

❷ 准备一个大碗，将所有食材都洗净、切块后放入碗内。

❸ 准备一个比碗还大的容器，将所有食材和大碗倒扣在容器内。

❹ 放在电饭锅中，外锅加两杯水，待开关跳起即可。

❺ 过滤出鸡精，倒入瓶中保存即可。

新手妈咪便利贴

- 倒扣碗的用意是避免加热时的水蒸气跑进鸡精内。
- 大人要喝的话还可以去中药店抓自己需要的药材放入滴鸡精一起熬。
- 如果担心太油可以放凉后在放入冰箱冷藏，之后再将最上层的油脂刮除。

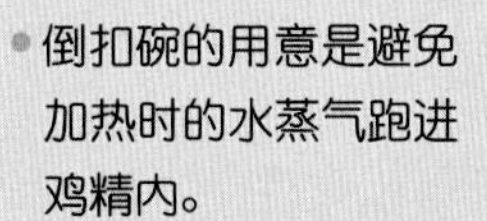

小鱼童言童语

不太喜爱吃肉的小鱼，并不排斥鸡肉，因为每次我都哄他，这是姥姥特地寄给你吃的喔！所以每当我滴完鸡精就会直接泡饭给小鱼吃，他也会立刻打电话跟姥姥说，"我把鸡肉饭都吃光了喔！"

食材小故事

小鱼姥姥在得知我怀小鱼的时候，就开始饲养家鸡，准备让心爱的女儿坐月子吃，小鱼姥姥养的鸡不但不打抗生素也不吃饲料，都是吃田里成熟掉下来的庄稼及家里的剩菜，所以肉质特别鲜甜有弹性，总觉得自己很幸福能有这样一个妈妈，也让小鱼有机会体验农村生活。

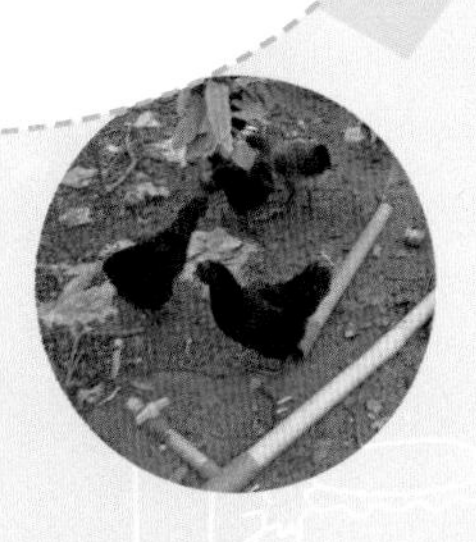

蔬果高汤

小鱼童言童语

我每周都会熬煮一次高汤，每次小鱼看到我在熬高汤处理一大堆食材他就一直说想喝，有时还没煮好他就一直问，"可不可以先给我喝一口啊？"

材料 排骨适量，苹果 1 个，玉米 1 根，番茄 1 个，红萝卜 4 根，卷心菜半颗，平时烹饪剩下的蔬菜类食材少许。

做法

❶ 排骨洗净，苹果洗净、削皮后切小块。

❷ 将所有蔬菜洗净、切块后放入汤锅。

❸ 直接放在锅中熬煮数小时，过滤出高汤即可。

新手妈咪便利贴

- 饼干模压完剩余的胡萝卜熬高汤非常好用，甚至家里面冰箱内无法消化完的蔬菜也通通都可以丢进去熬煮，像是洋葱、白萝卜、大白菜等都很鲜甜。

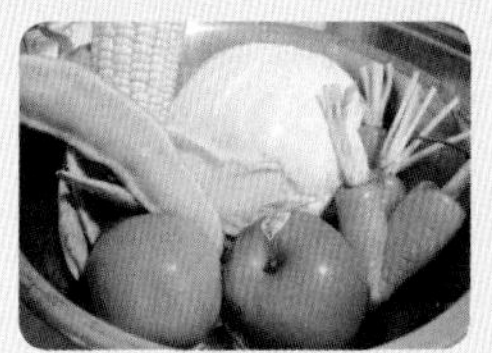

- 如果你和小鱼妈一样有多功能豆浆机，也可以将所有食材丢进容器内装上搅拌机，先大火煮滚后转小火熬煮两小时即可。

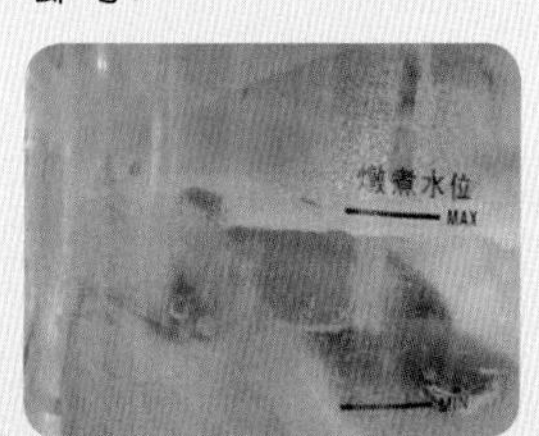

- 熬煮过后的食材，大人可以捞出直接吃掉。

食材小故事

平常在烹煮食物的时候，常常会有一些菜梗或者是一些口感较粗或较老的叶菜茎，这时小鱼妈都会将它们留下来用密封袋装好放在冷冻室，因为这些都是熬高汤的好食材。身为农家子弟看到农民是如此辛苦且靠天吃饭，所以我都尽量不浪费任何食材，这是对食物的尊重和对农民的尊敬，当然也是最好的身教。

中餐
晚餐
宝宝口味白酱

材料 洋葱半个，面粉 60 克，鲜奶 1 杯，鲜奶油 120 毫升，奶油 30 克，高汤 400 毫升，盐 3 克，大蒜 5 瓣。

做法

❶ 洋葱、大蒜去外膜后切小块，放入食物搅拌机中打成末。

❷ 起油锅，放入奶油加热至溶化，再加入洋葱末及蒜末用小火炒香。

❸ 加入面粉拌炒均匀。

❹ 再加入鲜奶、鲜奶油及高汤。

❺ 关小火煮滚后放凉即可。食用时加上蔬菜更美味。

食材小故事

洋葱是很好的食材，感冒时吃洋葱可帮助恢复体力；另外，将洋葱去皮切大块放入碗中后放入电饭锅，外锅加两杯水煮至电源跳起，将碗中的洋葱汤滤出饮用，也有杀菌止咳的效果，也是小鱼妈的治疗感冒秘方。

新手妈咪便利贴

- 煮好的白酱可以放入冰箱冷藏保存 3 ~ 4 天；期间可用来制作焗饭或焗意大利面。

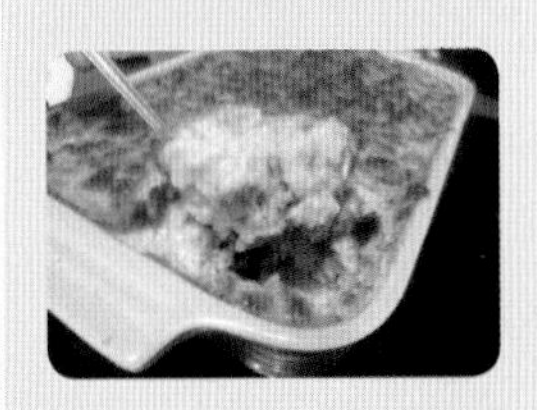

- 使用蔬果高汤不仅更营养健康，吃起来也比较清爽。

小鱼 童言童语

喜欢喝牛奶的小鱼，看到我拿制作白酱的鲜奶油时，竟然拿着吸管追着问，“妈妈！可以让我喝一口吗？”

早餐

苹果草莓果酱

材料 草莓625克，苹果75克，柠檬1个，细砂糖100克。

做法

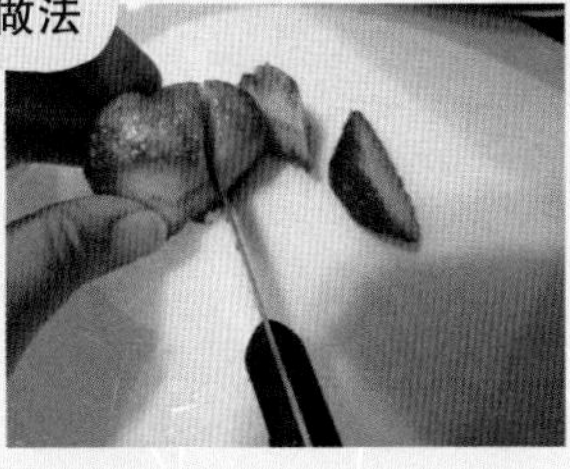

❶ 苹果洗净、削皮、切丁；草莓洗净，用剪刀剪去蒂后切丁。

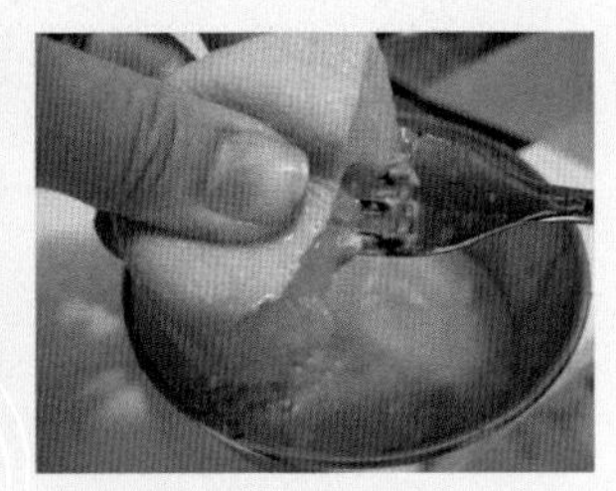

❷ 柠檬挤成柠檬汁备用。

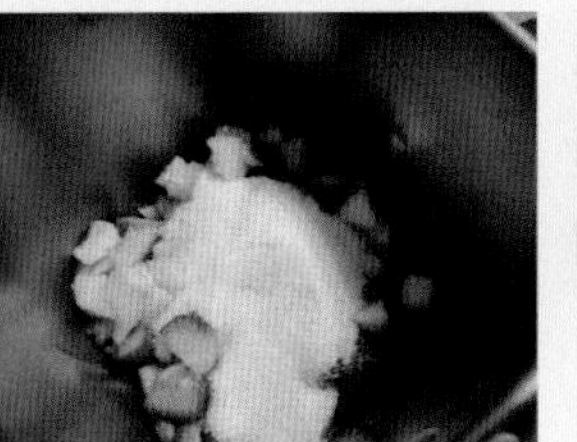

❸ 取一容器加入作法❶的水果丁并加入柠檬汁、细砂糖。

❹ 用小火熬煮至黏稠状，放凉装入干净的瓶子保存。

❺ 盛装完毕后将瓶子倒扣一会儿，再翻回正面即可。

新手妈咪便利贴

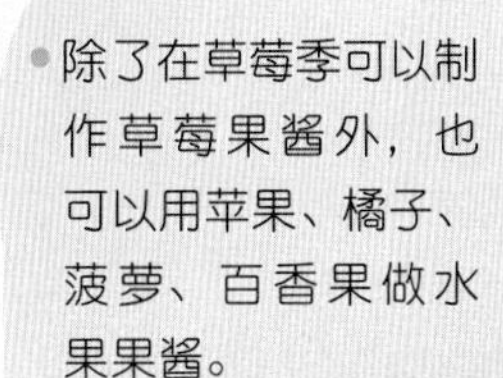

- 除了在草莓季可以制作草莓果酱外，也可以用苹果、橘子、菠萝、百香果做水果果酱。

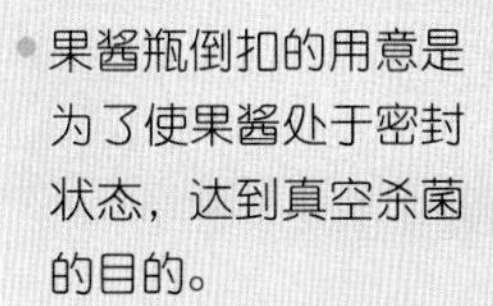

- 果酱瓶倒扣的用意是为了使果酱处于密封状态，达到真空杀菌的目的。

小鱼最爱的草莓小红帽制作

材料：草莓、巧克力粉、苹果
1. 用挖球匙在草莓中间挖一个洞。
2. 苹果也用挖球匙挖成一个球。
3. 将苹果球放置于草莓的洞中。
4. 可爱的草莓小红帽就初步完成了。
5. 将巧克力粉加少许开水拌匀成巧克力酱，放入塑料袋内，并剪一个小孔。
6. 请孩子挤出眼睛及嘴巴等表情就完成了！

食材小故事

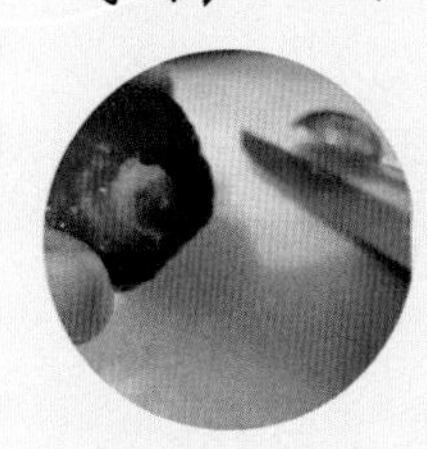

草莓需要用流动的水反覆清洗，之后再用剪刀剪去蒂，避免浸泡在水中与农药溶出后再被草莓吸收。妈妈自制的果酱，微酸带甜非常健康，而且又不用担心有人工添加剂，是最安心的果酱。

第四章

小鱼妈的亲子厨房

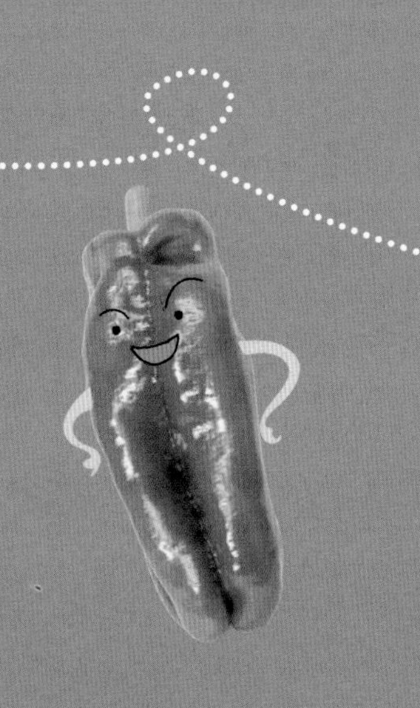

别怕让孩子进厨房，只要做好安全措施，就可以享受美好的亲子时光，自己动手可以提升孩子的参与感，自己做的美食最好吃。

日式烤饭团

宝贝一起动手做

老板来份草莓口味的饭团，喜爱草莓的小鱼，几乎吃什么都要加草莓，这个草莓口味的饭团特别对味，他总是嘟囔着，妈妈，我好想好想要吃草莓口味的三角饭团，我会帮忙压喔！

材料 白饭2碗，香松、草莓粉各适量，酱油少许。

做法

❶ 白饭加入香松、草莓粉后搅拌均匀。

❷ 将拌好的饭装进饭团模型中。

❸ 压紧模型后将成形的饭团倒扣出来。

❹ 在饭团表面刷上一层薄薄的酱油后再放入烤盘，调至180度烤至饭团表面焦黄取出即可。

新手妈咪便利贴

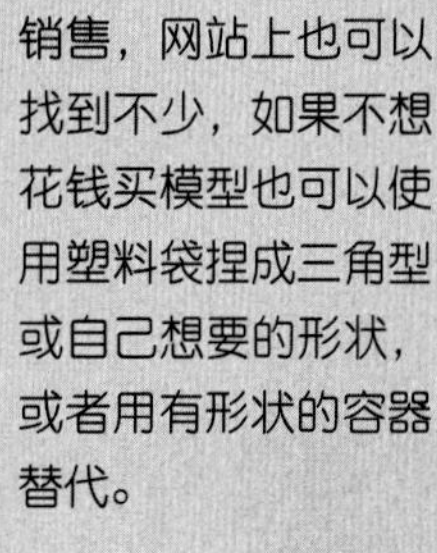

• 饭团模型烘焙店都有销售，网站上也可以找到不少，如果不想花钱买模型也可以使用塑料袋捏成三角型或自己想要的形状，或者用有形状的容器替代。

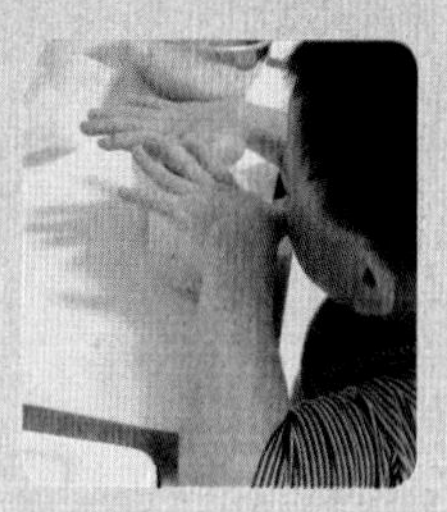

认真压饭团的小鱼。

食材小故事

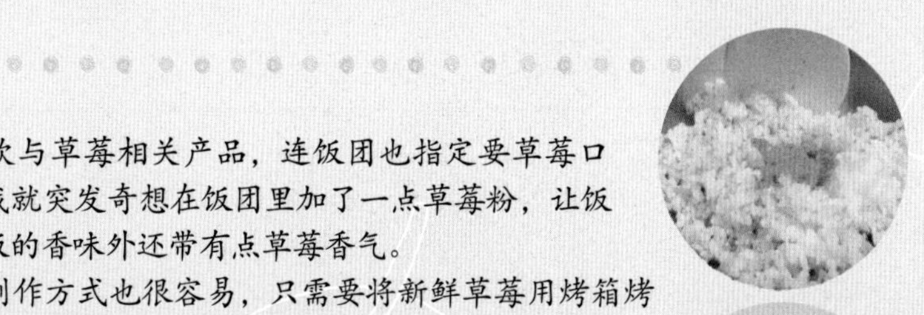

• 小鱼超喜欢与草莓相关产品，连饭团也指定要草莓口味，所以我就突发奇想在饭团里加了一点草莓粉，让饭团除了米饭的香味外还带有点草莓香气。

• 草莓粉的制作方式也很容易，只需要将新鲜草莓用烤箱烤干后，再用搅拌机或咖啡磨豆机（可打粉末或磨成粉状的都可以）磨成粉，再用密封袋放入冷藏室保存，就可以随意添加到各种点心里，自己动手做的不含色素、防腐剂，非常健康。

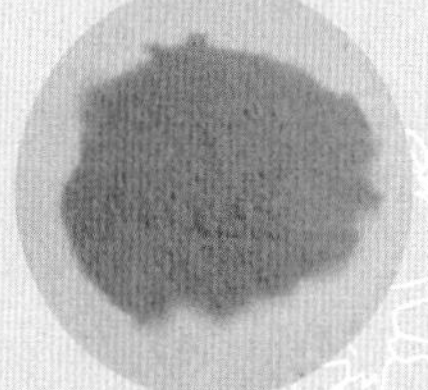

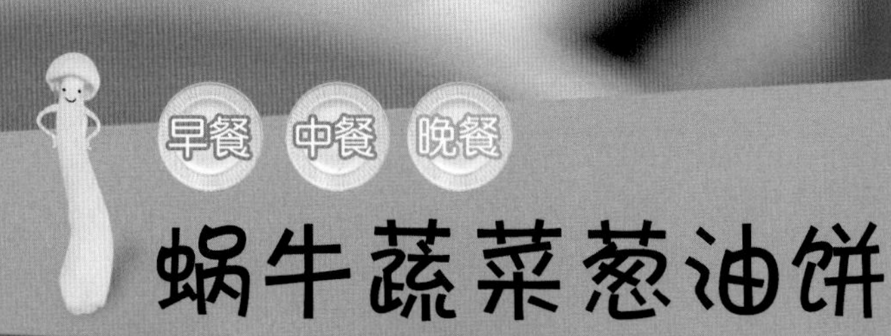

蜗牛蔬菜葱油饼

宝贝一起动手做

妈妈将面团卷成长条形后，就可以放手让孩子操作了！期间可以问他，蜗牛的壳是什么样子呢？你做做看。自己动手做的大小蜗牛最好吃了！

材料 中筋面粉 500 克，热开水 300 毫升，冷开水 120 毫升，葱、小油菜、红萝卜各适量，香油、白胡椒粉、植物油、盐各少许。

做法

❶ 将面粉放入盆内，再加入热开水搅拌后，继续加入冷开水搅拌均匀。

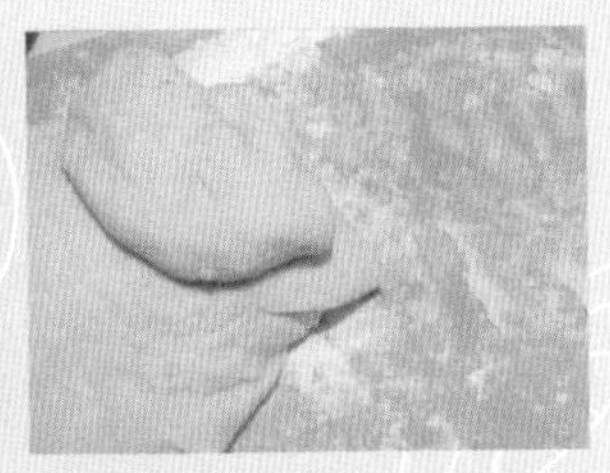

❷ 将面团滚成圆形放在搅拌盆内放 1 ～ 1.5 小时。

❸ 葱、小油菜、胡萝卜洗净、切成小丁，加入调味料混合成内馅。

❹ 将做法❷的面团杆成长条形后，在上面铺上调好的蔬菜内馅。

❺ 接着像卷寿司一样，将馅料卷起来成长条形。

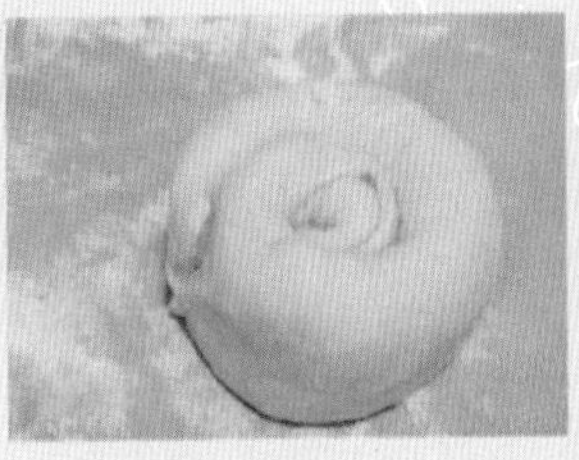

❻ 再像蜗牛的壳一样往内卷成圆形再稍微压平。

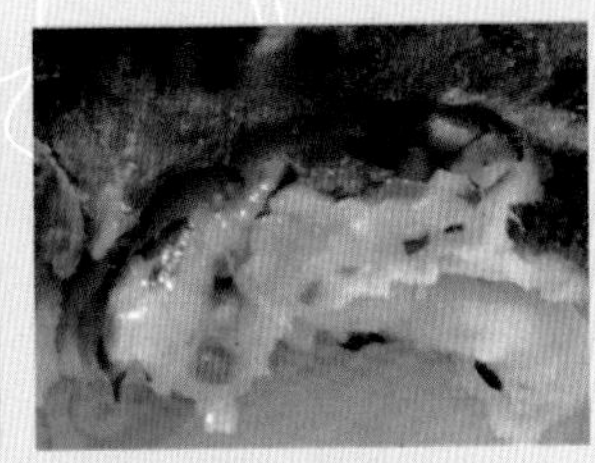

❼ 锅中放油预热后，将蔬菜葱油饼放进去煎至两面金黄即可。

- 挑食孩子吃这道菜最好。不管妈妈偷偷放什么蔬菜进去，孩子都会不知不觉吃下肚。
- 将做法❺直接杆平就是葱油饼了。

食材小故事

小油菜是种物美价廉且一年四季都有的蔬菜类，含有丰富的维生素，是非常有营养的蔬菜。烹煮时可以将靠近根部的 1 厘米切除，不会有农药残留。

早餐 午点 晚点
一口面包
宝贝一起动手做
进烤箱前，刷蛋液的工作可以交给孩子，还可以边涂边数数，训练孩子的数学能力，在玩乐中学习效果会更棒喔！

材料 鲜奶 90 毫升，酵母粉 3 克，高筋面粉 200 克，盐 4 克，砂糖 30 克，鸡蛋 1 个，奶油 30 克。

做法

❶ 奶油先切小丁回温备用。

❷ 将所有材料（鸡蛋除外）混合成面团。

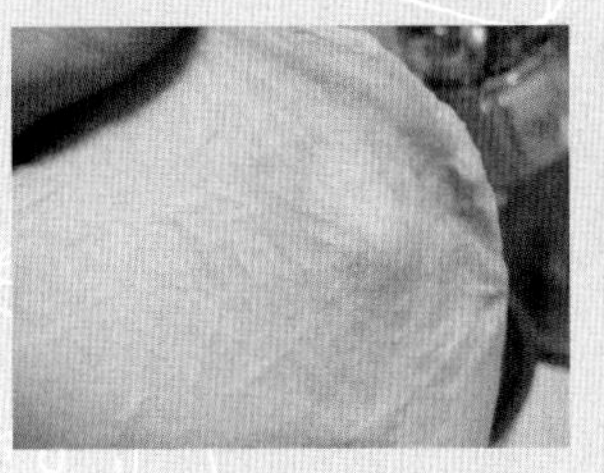

❸ 将面团揉至三光（手光、盆光、面团光），稍微有薄膜即可。

❹ 在盆内涂上少许油，将面团放入盖上蘸湿拧干的布，进行第一次发酵。

❺ 待面团膨胀至两倍大即可。

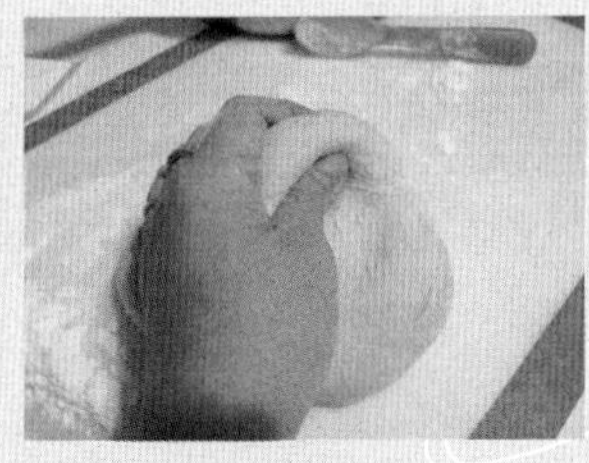

❻ 在工作台上放些面粉当手粉，搓揉面团让空气排出。

❼ 将面团杆平后，用切面刀切成一口大小。

❽ 烤盘上铺烘焙纸后切成小等分的面团放在烤盘上，接着盖上湿布进行第二次发酵（约 30 分钟）。

❾ 在发酵好的面团上刷一层蛋液；烤箱预热 200 度，调至上火 150 度下火 200 度烤约 15 分钟即可。

新手妈咪便利贴

• 妈妈可以加入自己及孩子喜欢的口味，例如，加入草莓粉、各种口味的水果粉、可可粉等，就是不同口味的一口面包了。

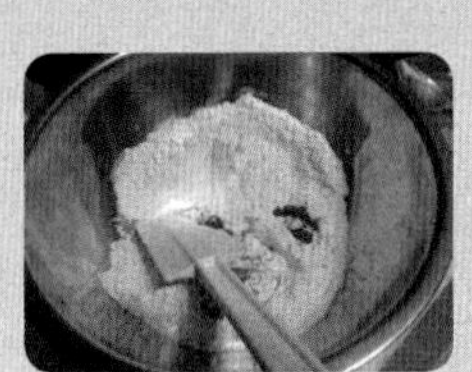

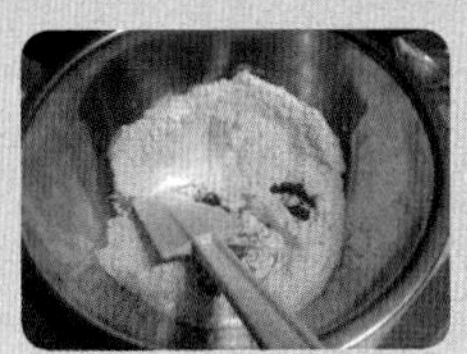

食材小故事

当初会想要做一口面包是因为每次小鱼吃面包总是掉得到处都是面包屑，让小鱼妈清理很辛苦，后来灵机一动，做成一口大小，直接吃下，就可以免去掉屑的困扰。

早餐 午点 晚点

一口小吐司

材料 吐司4片，饼干模、果酱、奶油各适量。

做法

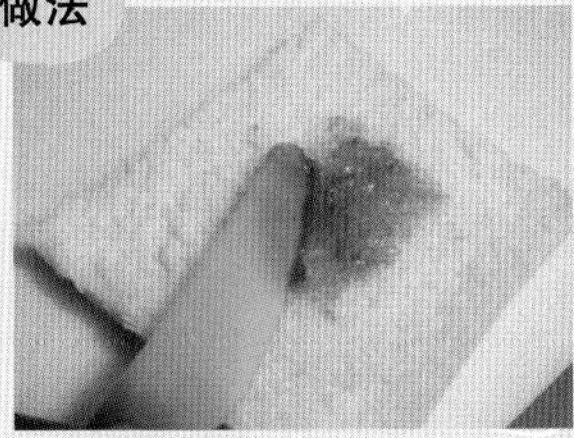

❶ 取一片吐司涂上喜爱的果酱或奶油后再盖上另一片吐司。

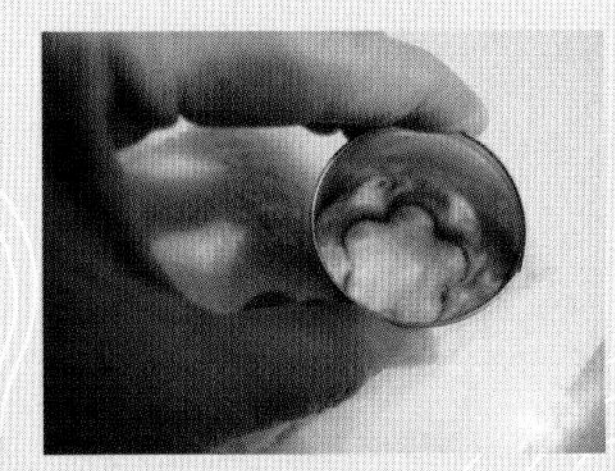

❷ 用饼干模压出可爱的型状，或切成小正方形。

❸ 将压好的一口小面包放入烤箱稍微烘烤上色即可。

新手妈咪便利贴

- 自己做果酱更健康。将水果切小块，砂糖及柠檬汁用小火慢慢熬煮至汁液黏稠，即可制作成健康又美味不担心有色素、防腐剂的果酱喔！

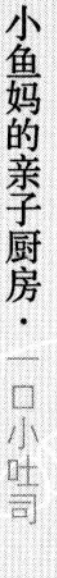

宝贝一起动手做

每次小鱼妈只要说，我们来动手做一口吐司吧！小鱼就会迫不及待地去挑选自己喜欢的模型并主动帮忙压制，烤完后他还会开心地大叫，"我要把星星吃到肚子里了！"

食材小故事

这是美人鱼出生后，小鱼和我一起回娘家坐月子时最常吃的早餐，现在有时小鱼还会跟我吵着要吃这种小吐司。很简单，也很容易做，一次一口刚刚好。

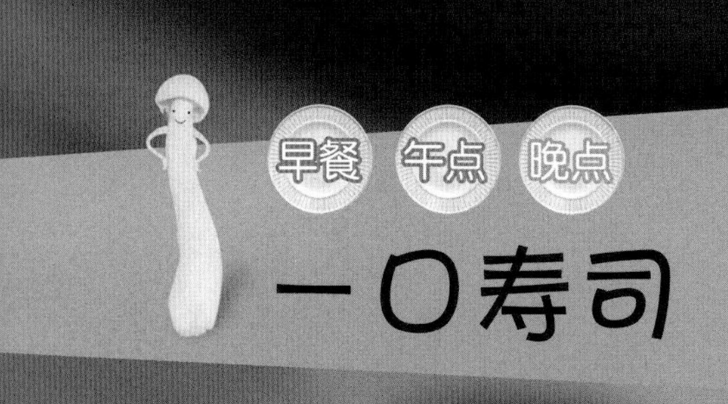

一口寿司

材料 米饭 2 杯，寿司醋 5 毫升，寿司海苔 1 包，小黄瓜 2 根，胡萝卜 1 根，蛋 4 个，肉松或香松各少许，沙拉酱适量、保鲜膜少许。

做法

❶ 将米饭煮熟后先分成两碗。小朋友的直接放凉备用，大人的先加入寿司醋搅拌后放凉备用。

❷ 小黄瓜、胡萝卜洗净、切成长条后放入锅中烫熟、放凉备用。

❸ 蛋打散，起油锅放入蛋汁煎成蛋皮后切丝备用。

❹ 桌面上铺保鲜膜，再将寿司海苔摊开，用饭勺将米饭铺平。

❺ 依序放入胡萝卜条、小黄瓜条、沙拉酱、蛋丝、肉松等食材。

❻ 将海苔卷起来，开口处可蘸水方便黏合。

❼ 寿司卷起后切成片即可。

新手妈咪便利贴

- 妈妈可以加入小孩喜欢且水分不会过多的食材，例如，四季豆、芦笋、虾、甜椒等，大人吃的则可以加入芥末提味。

宝贝一起动手做

小鱼最爱一口一个的寿司了！下午肚子饿的时候吃几个就饱了，包覆着海苔的一口寿司完全不黏手，边吃边玩也很方便呢！

食材小故事

制作时建议挑选韩式的寿司海苔不易受潮，口感较佳，带点麻油香气很好入口，会一口一个停不下来喔！

葱花面包

宝贝 一起动手做

很多小孩都很排斥绿色的蔬菜类，所以请小朋友一起帮忙动手做，像是刷蛋液和加葱花馅等，都能增加他们对食物的接受度。

材料 高筋面粉 280 克，砂糖、奶油各 20 克，盐 5 克，鲜奶或水 135 毫升、蛋 1 颗，酵母粉 1 小匙，隔水加热后的奶油适量，盐、胡椒粉、葱花、橄榄油各适量。

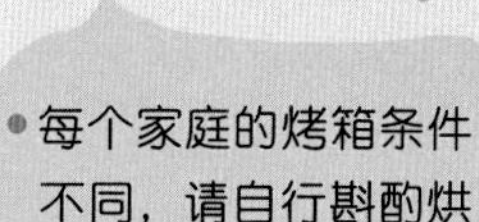

新手妈咪便利贴

- 每个家庭的烤箱条件不同，请自行斟酌烘烤的时间。
- 如果孩子的食量较小，也可以将面团再分得小一些，一次一个刚刚好。
- 还可以加入玉米粒及火腿末或肉松，口感会更丰富。

做法

❶ 鲜奶或水、蛋、酵母粉、面粉、糖、盐先放入搅拌盆内搅拌搓揉后，再加入奶油。

❷ 将面团放入面团搅拌器搅打约 20 分钟后取出，稍微滚圆整型，再放 10 分钟。

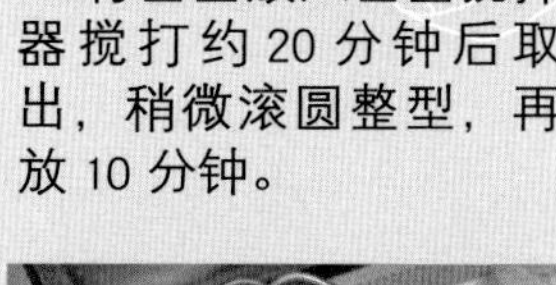

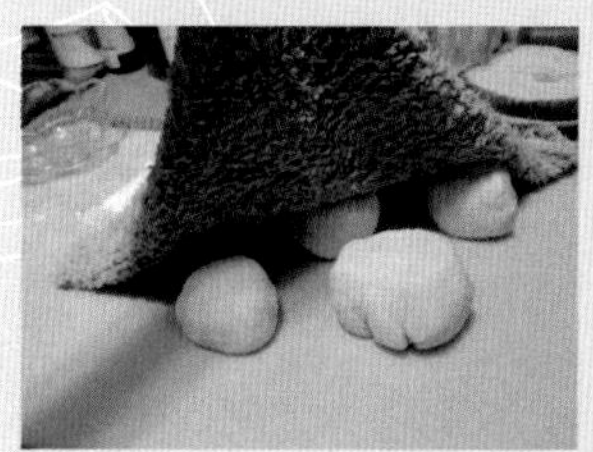

❸ 桌上放上手粉将面团分为六等分，再盖上拧干不滴水的湿布放约 20 分钟。

❹ 等做法❸时，可以利用时间制作葱花馅。先将葱花洗净，沥干水分，切末加入盐、胡椒粉、橄榄油、奶油搅拌均匀。

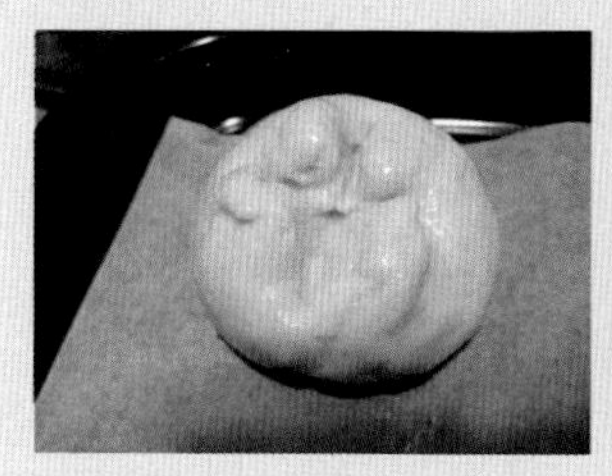

❺ 将面团做成喜欢的图案，并于上划刀。

❻ 划刀处先蘸上蛋液之加入葱花馅。

❼ 烤箱预热 180 度，烤约 20 分钟即可。

食材小故事

葱的营养价值能促进消化、解热、祛痰，并含有大蒜素可以抗菌及抗病毒，可以鼓励孩子多吃。

早餐 中餐 晚餐

猫爪水煮蛋

材料 鸡蛋 2 个，猫爪模型少许。

做法

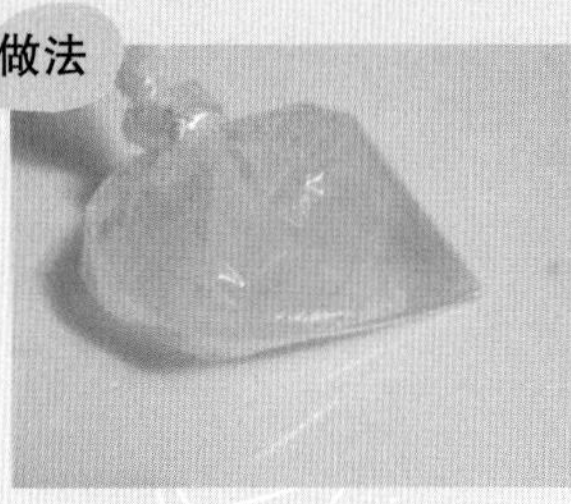

❶ 将蛋白与蛋黄分开，分别打散后，装入塑胶袋中绑紧。

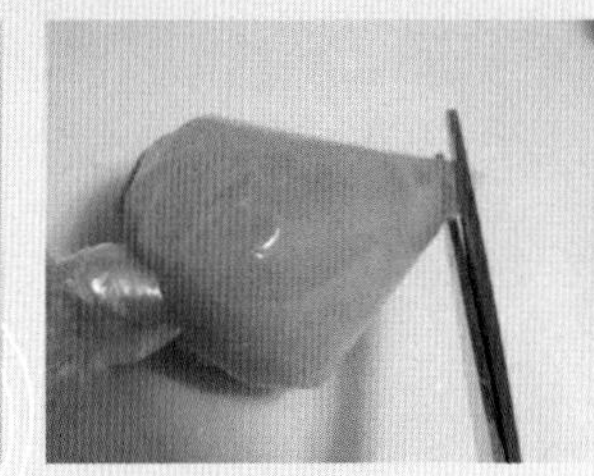

❷ 并于尖端处剪一个小洞，方便挤出。

❸ 在猫爪模型中刷入一层油，以方便脱模。

❹ 先将蛋黄挤入猫爪模型中。

❺ 将模型放入锅中，水量加至模型的一半煮至水滚。

❻ 待蛋黄部分煮熟凝固，再接着将蛋白挤入脚掌中煮熟即可。

新手妈咪便利贴

- 蛋黄与蛋白的部分可以交换，但是如果将蛋白挤入猫爪、蛋黄挤入猫掌，则蛋量需要增加。
- 先将蛋黄煮熟的原因是为了避免蛋黄和蛋白混在一起颜色会混浊不分明，猫爪就不漂亮。

宝贝一起动手做

妈妈可以请宝贝帮忙将袋子内的蛋液挤入模型中，并鼓励他们挤满就要停手，作出猫爪之后，宝贝可能会兴奋的尖叫喔！

食材小故事

鸡蛋是非常有营养的食材，有些孩子不爱吃蛋，妈妈只要花点心思将蛋的外形变化一下，孩子就会爱上蛋的美食。不过，烹饪前必须将蛋壳洗净再处理，以免蛋壳上有细菌残留。

清烫玉米笋

材料 带壳玉米笋 10 根。

做法

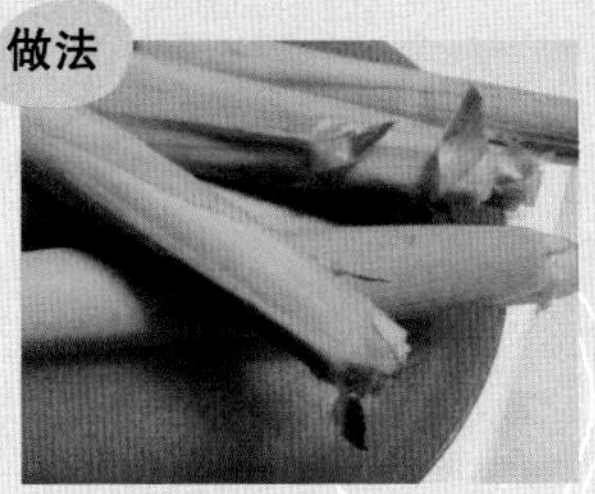

❶ 玉米笋洗净，剥去多余的叶子保留约 2～3 层的叶子包裹即可。

❷ 水滚后将玉米笋放入，煮约 10 分钟后熄火盖上锅盖。

❸ 焖 10 分钟后，剥去外壳即可食用。

新手妈咪便利贴

- 我常用清烫玉米笋 1 根，水煮蛋再加上 1 杯果汁或者鲜奶当小鱼的早餐，简单快速又方便处理。

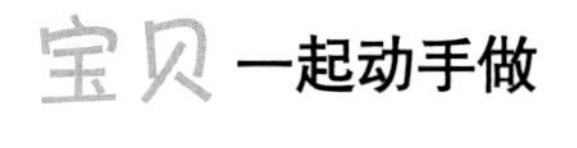

宝贝一起动手做

煮熟的玉米笋放凉后让孩子尝试自己剥外壳，不仅可以训练小手肌肉发展，也可让孩子体验刚煮熟的玉米笋是有热度会烫伤的，要等稍凉些才能动手去触碰。像小鱼很爱吃玉米笋，所以经常是烫到流泪了还是要吃，弄得妈妈哭笑不得。

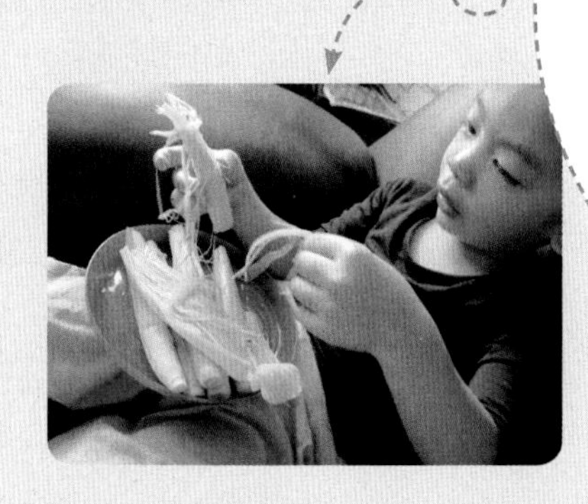

食材小故事

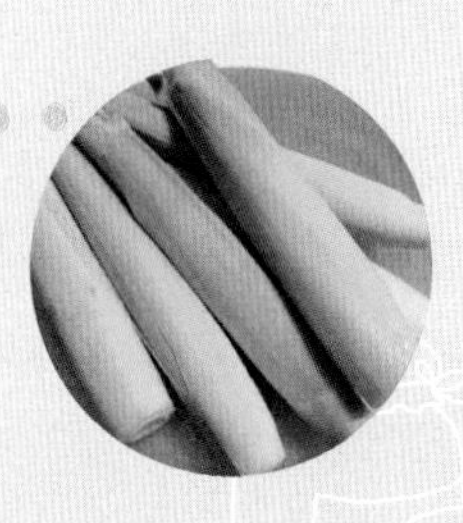

- 很多人都以为玉米笋是一个特别的品种，其实玉米笋就是还没长大的甜玉米，是玉米的宝宝唷！
- 市售的玉米笋有很多都是剥掉外壳的，去壳的玉米笋不易保存，选择带壳的可以保存较久的时间。

中餐 晚餐

酥炸蔬菜

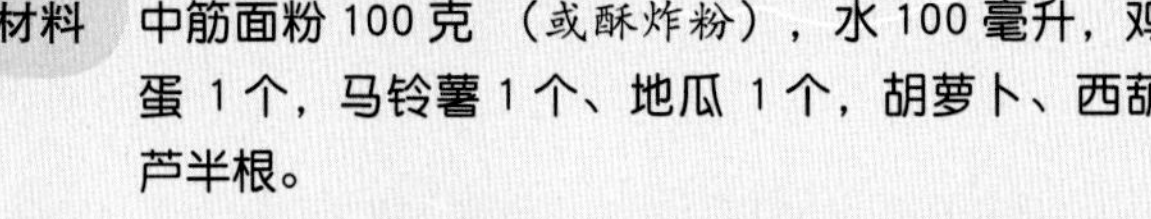

材料 中筋面粉 100 克（或酥炸粉），水 100 毫升，鸡蛋 1 个，马铃薯 1 个、地瓜 1 个，胡萝卜、西葫芦半根。

做法

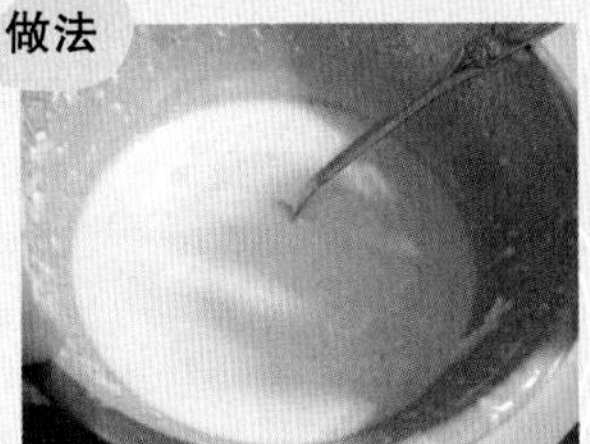

❶ 面粉加水、加鸡蛋调成面糊。

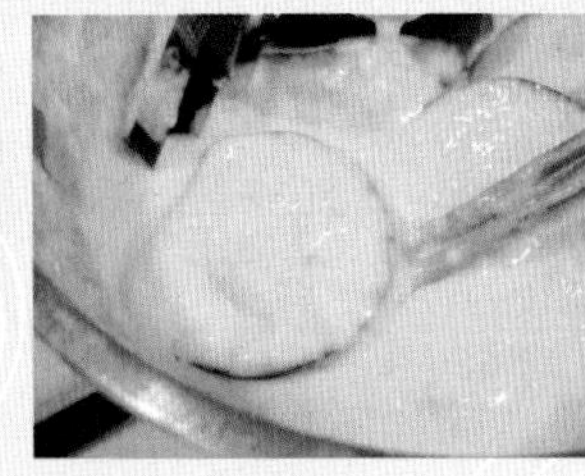

❷ 将蔬菜洗净、切片后均匀蘸取面糊。

❸ 放入油锅内，用中火煎至两面金黄即可。

新手妈咪便利贴

- 因为是要给小孩吃的，所以我不额外加调味料，如果是要给大人吃的则可以加入胡椒粉或盐，奶酪粉也可以。
- 或者也可以原味油炸，再另外调酱蘸着吃，会别有一番风味。
- 可以选用当季蔬菜，像是茄子、四季豆、西葫芦等。

宝贝一起动手做

蘸面糊的工作可以交给孩子来处理，可以通过蘸面糊的动作来训练孩子的肌肉发展，也可以让他学习怎么将蔬菜片的两面都均匀涂满面糊。

食材小故事

如果孩子不爱吃蔬菜，用这个方式将蔬菜炸的香脆可口，像小饼干一样，孩子的接受度会提高。

盆栽优格

材料 干净的小花盆 1 个（需略大于布丁杯），干净的小纸杯或布丁杯 1 个，酸奶 1 杯，果酱 2 大匙，巧克力酥片 1 片，迷迭香或绿色植物 1 棵。

做法

❶ 将酸奶倒入布丁杯中备用。

❷ 加入喜欢的果酱，像是草莓果酱或是水蜜桃果酱都可以。

❸ 巧克力酥片勿拆封，直接用手压扁。

❹ 将压扁的巧克力酥片洒在果酱上装成泥土。

❺ 将布丁杯直接放在小花盆中。

❻ 插上绿色植物就完成了。

新手妈咪便利贴

- 也可以用压碎的饼干当泥土也非常像。
- 绿色植物可以选用香草植物，像是薄荷、香菜等，小鱼妈用的是自己种的香草——迷迭香，假如孩子好奇想吃吃看也可以。

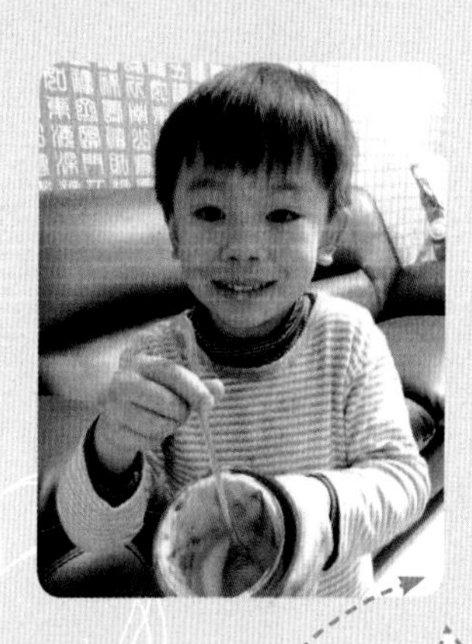

食材小故事

酸奶被列为世界 10 大最好的食物，可调节肠胃功能、提升免疫力并改善过敏症状，制作成可爱的盆栽，孩子会更喜欢吃。

宝贝一起动手做

这道点心非常简单，可以让孩子从头操作到尾。因为居住在城市里的孩子很少有机会能够玩泥土种植物，但是最近风行的盆栽点心，可以让孩子体验栽种植物的乐趣。

早餐 午点 晚点

坚果马芬

材料 鸡蛋 2 个，糖 85 克，鲜奶 30 毫升，植物油或奶油 100 克，低筋面粉 300 克，复合膨松剂 2 汤匙，坚果及果干随个人喜好。

做法

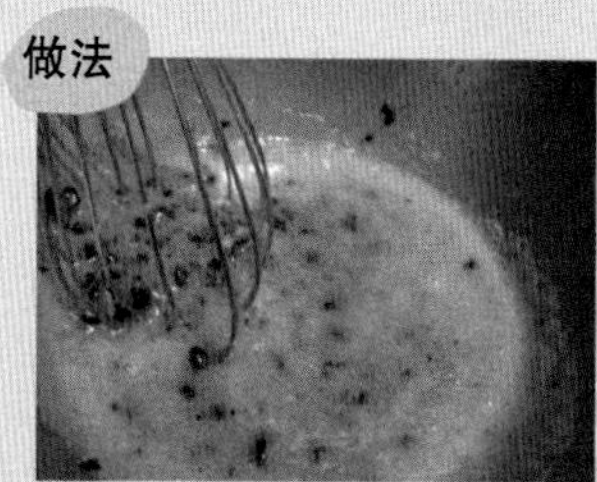

❶ 将鸡蛋、糖、鲜奶、植物油放入搅拌盆内打散。

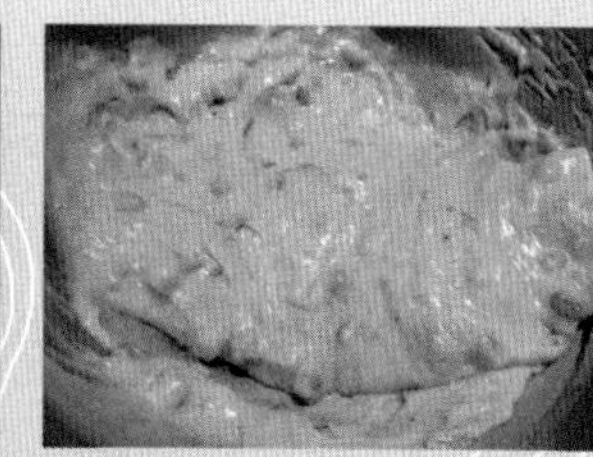

❷ 面粉过筛与复合膨松剂一起加入作法❶中搅拌至没有白色粉末。

❸ 坚果及果干切小块并加入做法❷中搅拌均匀。

❹ 将完成的面糊倒入模型中，并在上面洒上喜爱的坚果或果干。

❺ 将烤箱 180 度预热 5 分钟，烤约 15 分钟即可。

新手妈咪便利贴

- 植物油可用溶化后的奶油代替。
- 面粉与蛋糊搅拌时力道要轻以免面粉出筋。
- 可随个人喜好加入可可粉、抹茶粉、红茶末、草莓粉等变化不同的口味。

宝贝一起动手做

面糊倒入杯子模型后，上面的装饰可以让家中宝贝自己试试看，顺便让他认识食材，例如，这是葡萄干，这是核桃或者这是爸爸妈妈喜欢的杏仁果。可以让他自主搭配做出一个独一无二的口味给爸爸或妈妈吃。

食材小故事

复合膨松剂又称发粉，是制作面包、甜点经常使用到的材料之一，主要的作用是让面团膨胀，吃起来口感更好，一般的泡打粉都有铝的成分，所以选购的时候要特别注意。

早餐 午点 晚点

豆浆燕麦坚果饼

材料 面粉 100 克，盐 3 克，黑糖 50 克，鸡蛋半个、橄榄油 30 毫升，无糖豆浆 30 毫升，燕麦片 60 克，坚果 40 克，蔓越莓 20 克，葡萄干 20 克，白芝麻 20 克。

做法

❶ 燕麦片倒入塑料袋中，用杆面棍碾碎。

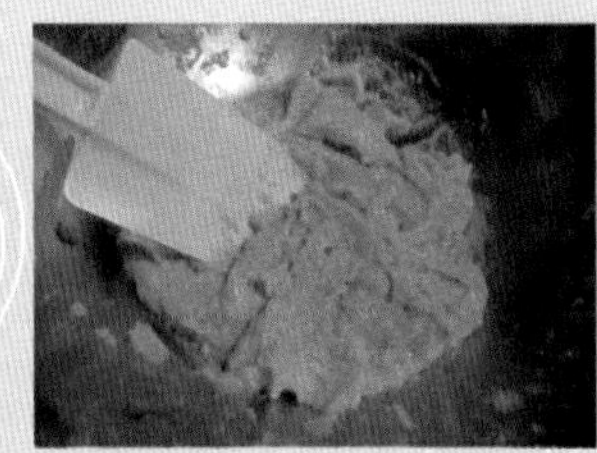

❷ 面粉、黑糖过筛后加入盐、蛋、橄榄油、豆浆，均匀搅拌成面团。

❸ 面团中加入碎燕麦片、坚果、蔓越莓、葡萄干。

❹ 将面团搓揉成长条形，切小块。

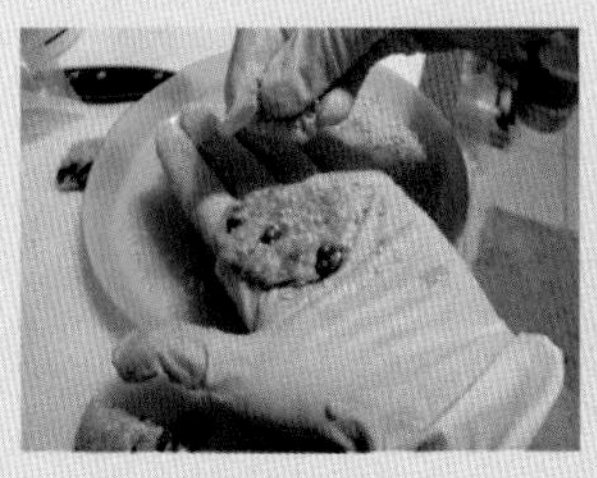

❺ 取一片切块的面团放在手掌心压平后，洒上白芝麻。

❻ 将烤箱预热 180 度，将完成的饼干面团依序放入，烤 20 分钟即可。

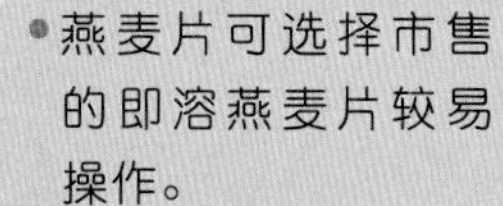

新手妈咪便利贴

- 燕麦片可选择市售的即溶燕麦片较易操作。
- 因为市售的豆浆有些是用豆浆粉冲泡的，所以为了家人的健康建议自己制作豆浆，较安全、健康。
- 现在市售的豆浆机很方便，干豆湿豆都可以打出来很细的豆渣，就算不过滤喝也好喝，是妈妈的好帮手。

食材小故事

燕麦片含有比大米多出 1.5 倍的蛋白质、B 族维生素且含有水溶性的膳食纤维、矿物质等，还能增加饱足感，不仅可以当孩子的点心也可以当主食，是非常好的食材。

宝贝一起动手做

小鱼最喜欢帮忙做饼干了，搓揉面团，添加坚果，都是很有趣的游戏，压平的部分可以让宝贝一起动手做，训练小肌肉之余也能增加亲子互动。

早餐 午点 晚点

芝麻饼干棒

材料 高筋面粉 170 克，低筋面粉 50 克，蜂蜜 20 毫升，橄榄油 20 毫升，盐 3 克，水 110 毫升，黑、白芝麻各适量，起司粉少许。

新手妈咪便利贴

- 可以先刷上蛋液再放进烤箱，烤出来的成品会更漂亮。
- 小棍棒的芝麻饼很适合小孩吃，手拿十分方便，也可当外出的小点心，还可以补充钙质。

做法

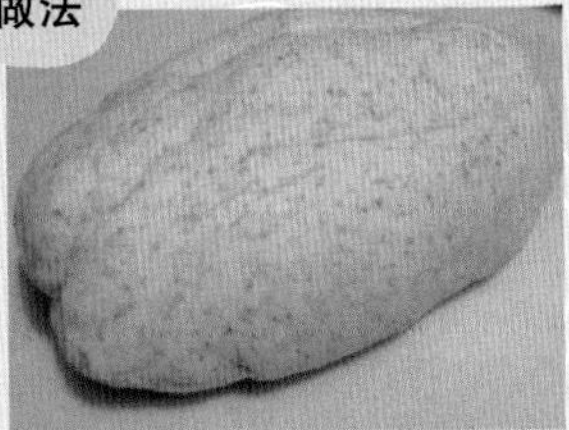

❶ 面粉过筛后加入蜂蜜、橄榄油、盐、水搅拌均匀后揉成面团。

❷ 将面团分成小块后，用手搓成长条形。

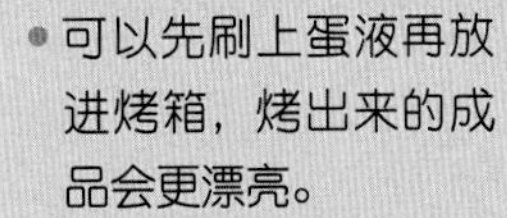

❸ 将芝麻及奶酪粉洒在桌面上，将塑成长型的面团前后滚动，至表面均匀滚上芝麻或起司粉。

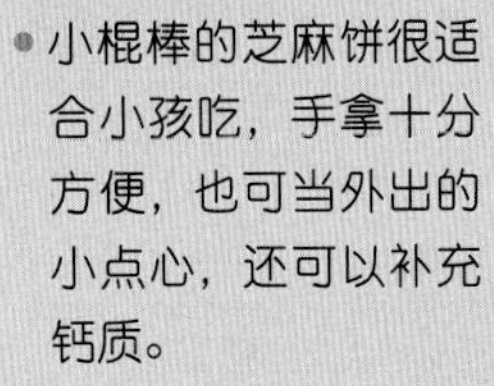

❹ 将烤箱预热 170 度，将芝麻棒依序排入烤盘内，再用 150 度烤约 10 分钟即可。

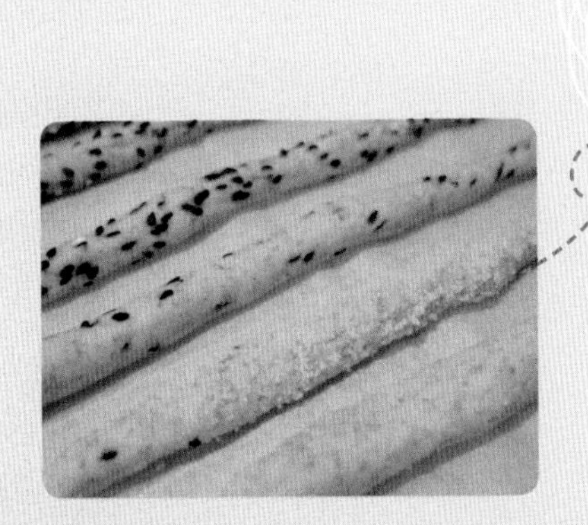

宝贝一起动手做

搓长条时可以让家中宝贝一起动手，一方面可以让他感受，原来这样上下搓揉圆圆的面团就会变得细长，一方面可以训练小肌肉的发展，并学习如何把芝麻及奶酪粉黏在长条形的饼干棒上。

食材小故事

奶酪粉是指牛奶加上鲜奶油所制成未成熟的奶酪粉，购买时要选择乳白色没有霉味的，起司粉富含蛋白质可提高记忆力，是很健康的食材。

午点

肉桂千层酥

材料 鸡蛋 1 个，细砂糖 70 克，肉桂粉 20 克，起酥片 4 片。

新手妈咪便利贴

- 有些孩子不喜欢肉桂粉的味道，所以可以将配方改成蜂蜜加细砂糖。

做法

❶ 起酥片不需退冰直接切成长条形备用。

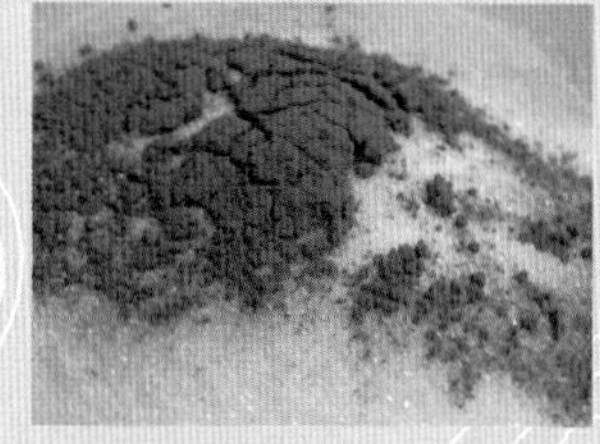

❷ 细砂糖加上肉桂粉混合均匀备用。

❸ 鸡蛋打散后用刷子均匀刷在起酥片上。

❹ 将刷好蛋液的起酥片蘸上肉桂糖粉。

❺ 放入烤箱调至 180 度烤约 30 分钟即可。

宝贝一起动手做

每次制作这道点心时，小鱼都会抢着要帮忙刷蛋液和蘸肉桂糖粉，像家家酒一样，非常有趣，也可以让孩子稍微进行包装馈赠亲友，会带给孩子满满的成就感。

食材小故事

肉桂粉一般人都可食用，但孕妇要特别注意。

午点

杏仁起酥片

材料 蛋白 1 份，砂糖 30 克，冷冻起酥片 4 片，杏仁片 50 克。

新手妈咪便利贴

- 冷冻起酥片可以在超市购买。

做法

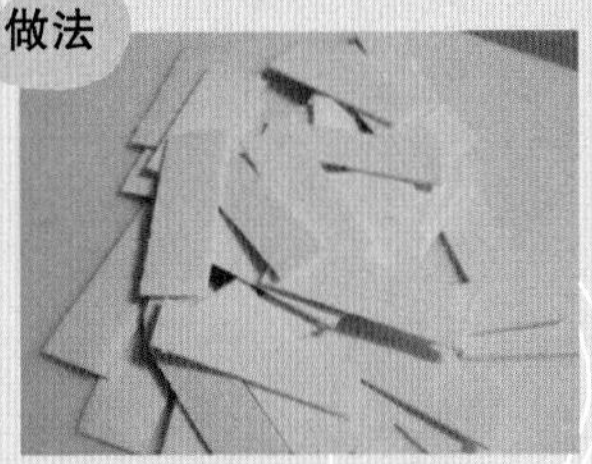

❶ 将起酥片从冷冻室取出后切成长条形备用。

❷ 蛋白加砂糖搅拌均匀。

❸ 在起酥片上刷上甜蛋白。

❹ 之后再蘸上杏仁片，放入烤箱 180 度烤约 30 分钟即可。

宝贝一起动手做

刷蛋液的时候可以请宝贝一起帮忙刷起酥片，还可以问孩子，你刷几片了呢？

食材小故事

杏仁又分为南杏和北杏，我们一般吃到的杏仁果是属于南杏又称为甜杏仁，而北杏在中药店可购买又称为苦杏仁，两者都有止咳平喘的功效。

午点

特浓牛奶糖

材料 炼乳90克，奶粉110克。

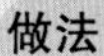

做法

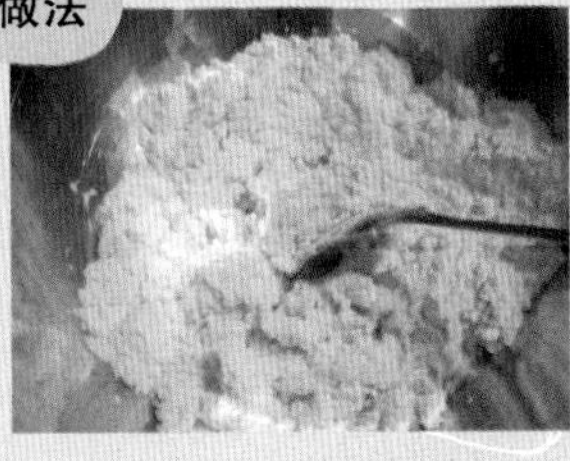

❶ 炼乳与奶粉放入盆中搅拌均匀成团状。

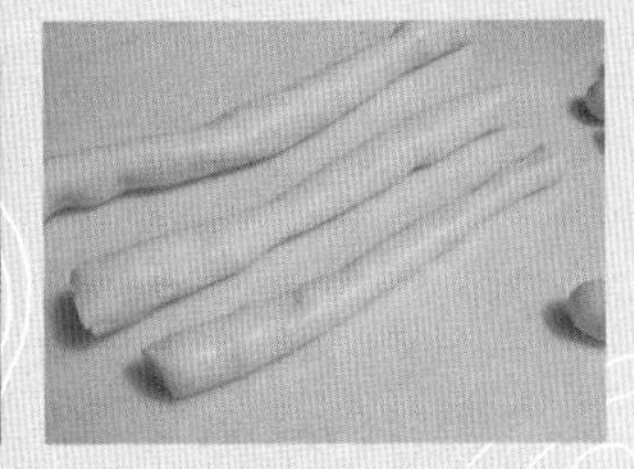

❷ 滚成圆形后再分成三等分，并搓整成长条形。

❸ 切成小块，放在手心中搓成像汤圆的小圆形。

❹ 放入冷藏室约5小时后，用包装纸包装好即成牛奶糖。

新手妈咪便利贴

- 奶粉可以选用市售的奶粉或孩子的配方奶粉来制作，但是水解的奶粉不适用。

宝贝一起动手做

搓圆时可以让宝贝一起动手做，像搓汤圆一样非常有趣，还可以让宝贝认识形状，当然也可以搓成孩子喜欢的形状。

食材小故事

一般市售的特浓牛奶糖的售价都不低而且添加许多香料和糖，自己动手做不但可以控制糖的含量而且无香料更健康。

午点

水果棉花糖

材料 柳橙汁 200 毫升，转化糖 180 毫升，砂糖 120 克，明胶 10 粒，糖粉 30 克，玉米粉 60 克。

做法

❶ 明胶泡软，橙洗净挤汁备用。

❷ 橙汁、砂糖、80 毫升的转化糖用中小火煮滚至糖稍有黏稠度（温度约为 115℃左右）。

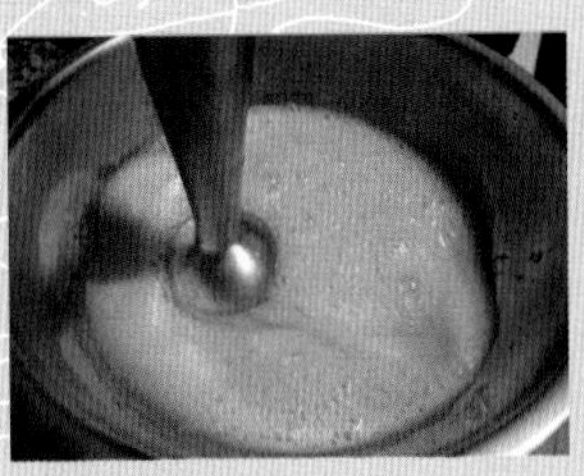

❸ 在作法❷中再加入 100 毫升的转化糖及泡软的明胶，持续用搅拌器搅拌均匀。

❹ 倒入玻璃容器后放入冷藏室约 2～3 小时，待棉花糖凝固后，取出切小块。

❺ 糖粉与玉米粉混合均匀成玉米糖粉。

❻ 将切好的小块棉花糖放在其中均匀裹上糖粉即可。

新手妈咪便利贴

- 转化糖可以在超市购买。
- 温度计需使用烘焙专用温度计。
- 柳橙汁可替换成其他口味的果汁，如葡萄汁、苹果汁、草莓汁等。

宝贝一起动手做

切小块厚的棉花糖要裹糖粉时，可以请宝贝一起帮忙，虽然可能会将糖粉洒出，但孩子会越做越好，像小鱼最喜欢进厨房帮忙了。

食材小故事

明胶是通过动物的皮或骨头提炼的，泡在水里会变软，但遇到 25℃以上就会融化，怕高温与酸性，像菠萝、奇异果、木瓜等这类的水果因为含有蛋白质分解酵素，会造成无法凝固，所以制作时请避开这些水果。

第五章

过敏儿也可以放心吃的小甜点

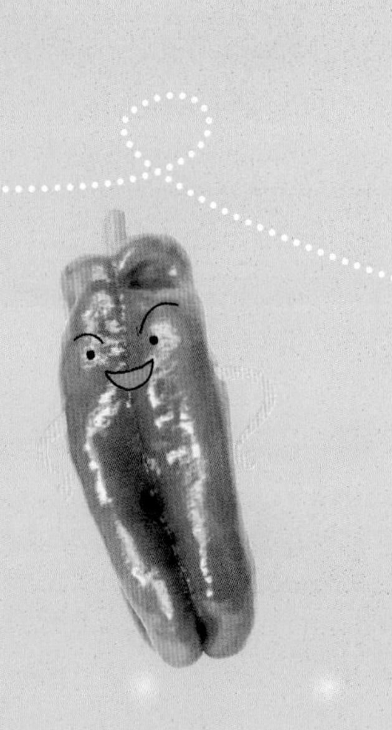

孩子嘴馋想吃点心，但外面买的又不放心怎么办？自己动手做，食材安心看得见，妈妈手做小点心，就算是过敏的孩子都可以安心入口。

桂圆甜粥

材料 糯米 1 杯，龙眼肉 1/3 杯，糖适量。

做法

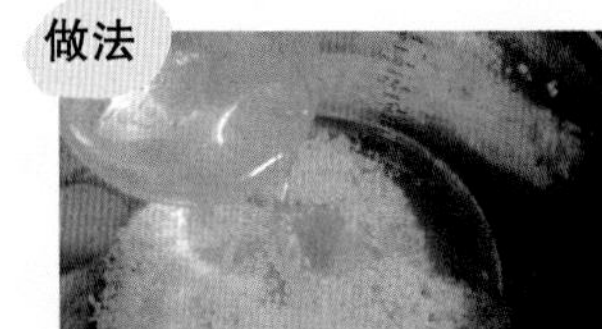

❶ 糯米洗净后加入两杯水放入电饭锅内烹煮，外锅加水 1 杯。

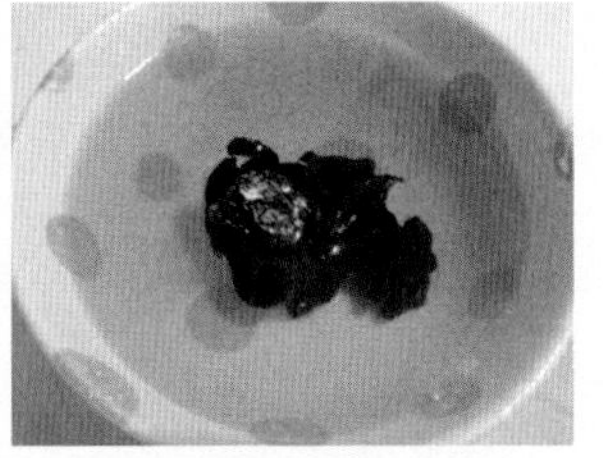

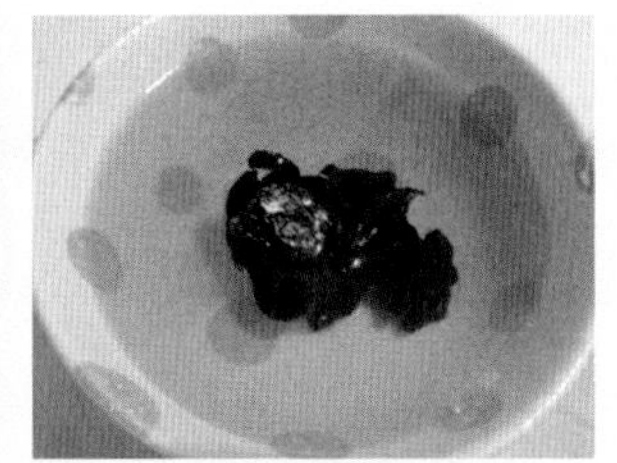

❷ 龙眼肉洗净后加 1 杯水放入碗中浸泡（水不要倒掉）。

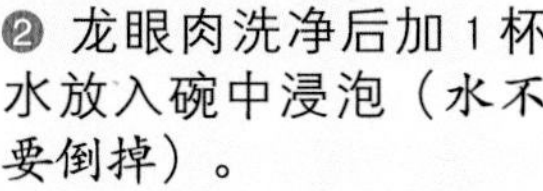

❸ 糯米煮熟后加入泡过水的龙眼肉及泡龙眼肉的水，再加入 1 杯开水搅拌均匀，再放入电饭锅内煮（外锅加水 1 杯）。

❹ 电锅跳起后焖约 5 分钟，再加入糖拌匀即可。

新手妈咪便利贴

• 糯米长的或圆的都可，通常甜汤大部分都采用圆的糯米，长糯米比较硬易呈颗粒状，圆糯米则较黏糊；如果是较小的宝宝要吃建议选用圆糯米较适合。

小鱼童言童语

夏天时将甜粥放在冰箱里，冰冰凉凉的口感像极了八宝粥；冬天时微微加热，温温的吃了幸福百分百，小鱼最爱这道点心了，每次下午端出来，小鱼都会开心的说今天吃甜甜粥。

食材小故事

糯米含有蛋白质、B 族维生素、脂肪、糖类、磷、铁及淀粉等属于温和的滋补品，但黏性较强不易消化，尽量不要让孩子过量食用。

午点
宝宝燕窝

材料 白木耳数朵，山药 1 个，去籽龙眼干 10 颗，去核红枣 10 颗。

做法

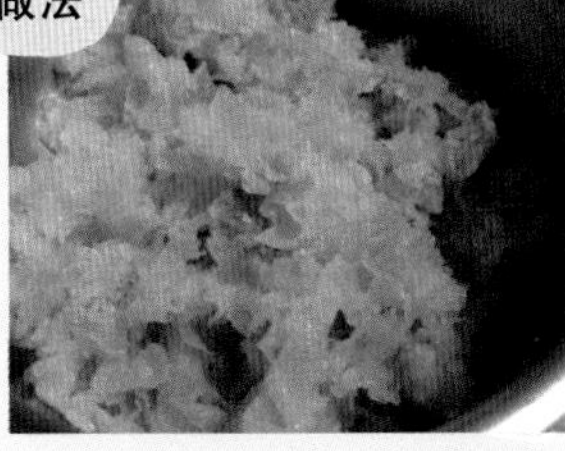

❶ 干的白木耳泡水约 1 小时，待膨胀后备用。

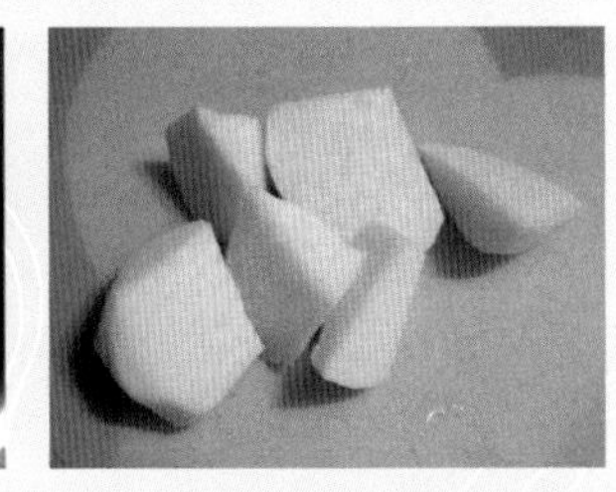

❷ 山药洗净、去皮、切块，红枣洗净。

❸ 龙眼干泡水备用。

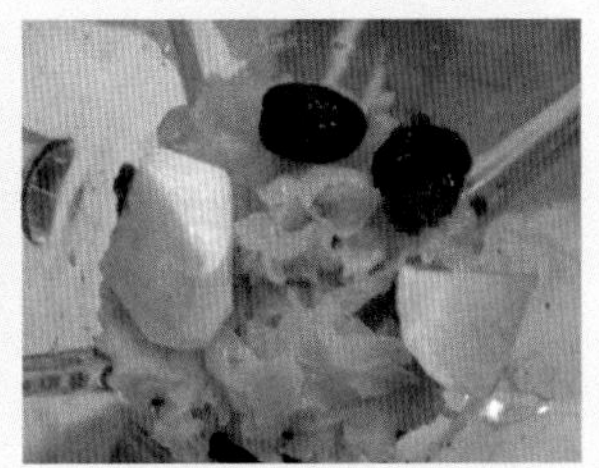

❹ 将白木耳、山药、红枣放入榨汁机或食物搅拌机打碎。

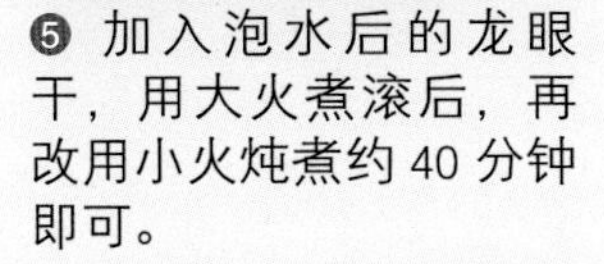

❺ 加入泡水后的龙眼干，用大火煮滚后，再改用小火炖煮约 40 分钟即可。

新手妈咪便利贴

- 如果你家的豆浆机和小鱼妈一样是多功能的，可于作法❹中直接用豆浆机搅打。之后炖煮，炖煮时记得要在盖子上放一根筷子，留些许缝细避免溢出。
- 可以加少许糖增加甜度，孩子会更容易接受。

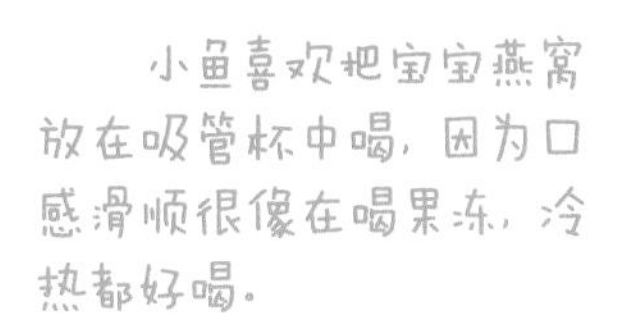

小鱼童言童语

小鱼喜欢把宝宝燕窝放在吸管杯中喝，因为口感滑顺很像在喝果冻，冷热都好喝。

食材小故事

白木耳又称雪耳，富含丰富的植物性胶原蛋白又称为“平民燕窝”，口感滑溜非常适合全家大小饮用；新鲜山药的黏液含有消化酵素，可当主食且不像马铃薯易发胖，是非常适合拿来制作孩子点心的好食材。

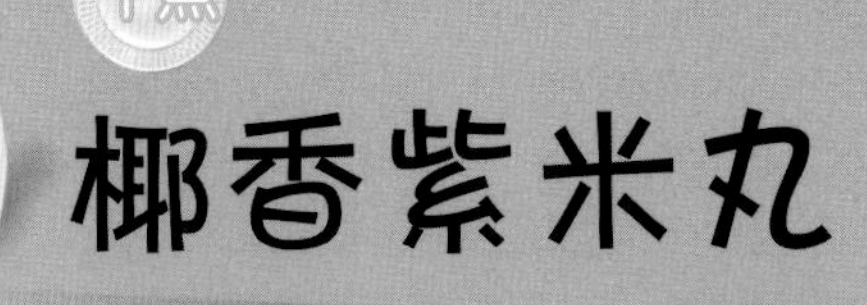

午点

椰香紫米丸

材料 黑糯米（紫米）1 杯，水 1 杯，砂糖 30 克，椰子粉 50 克。

新手妈咪便利贴

- 糯米泡水后会容易烹煮，否则不容煮烂。
- 如果没有紫米也可以使用白色的圆糯米替代。

做法

❶ 将糯米洗净后泡水两小时。

❷ 放入电饭锅，在外锅加两杯水蒸熟或放入电饭锅内煮熟后焖 10 分钟。

❸ 取出糯米后加入砂糖搅拌均匀，再焖 10 分钟。

❹ 将蒸好的糯米捏成圆球状。

❺ 均匀滚上椰子粉即可。

小鱼童言童语

因为椰子粉的外观很像雪花，所以小鱼都称这道美食为“小雪球”，甜甜软软的，每吃一口就想起圣诞节，令人充满开心与期待。

食材小故事

黑糯米热量比白糯米低，但是营养成分极高，具有补血功效，非常适合拿来制作小孩的点心。一球一球很方便入口。

午点

地瓜球

材料 地瓜泥、糯米粉各 150 克，地瓜粉、砂糖各 50 克、水或鲜奶各 110 毫升，复合膨松剂少许。

做法

❶ 地瓜洗净、去皮后切块，放入电饭锅蒸熟。

❷ 将蒸熟的地瓜用汤匙压成地瓜泥，之后加入地瓜粉、糯米粉、砂糖和水揉均匀。

❸ 将面团整成长条形再切小块，之后搓成汤圆形状。

❹ 待油锅中油热后改小火将地瓜球放进油锅炸。

❺ 待地瓜球膨胀后压扁，待再次膨胀后再压扁，反覆动作 3～4 次，捞出沥去多余油脂即可。

新手妈咪便利贴

• 膨胀压扁膨胀压扁这动作很重要。要持续 3～4 次地瓜球里面才会中空，吃起来才会有嚼劲。

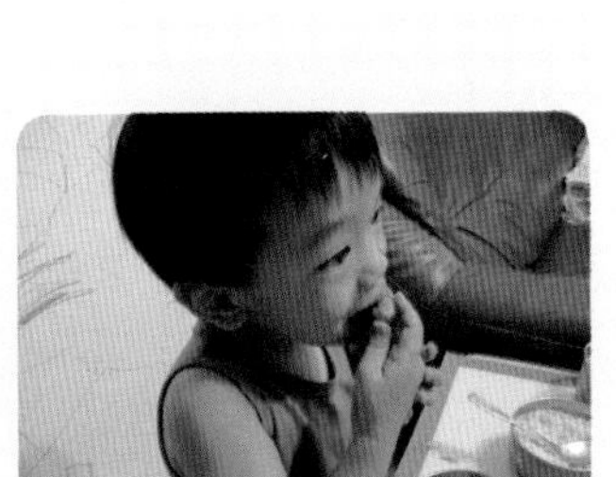

小鱼 童言童语

小鱼不爱吃地瓜，但却很爱玩圆形球类的东西，所以每次地瓜球一上桌他都会很开心的吃光。"妈妈！是黄色乒乓球喔！"看到小孩吃得开心，妈妈最得意啦！

食材小故事

地瓜是很好的食物，地瓜的皮属硷性食物能够调整体质，因此最好能带皮吃。而且丰富的纤维质能够帮助排便，另外，蒸地瓜时尽量不要与米饭一起混合，避免地瓜的糖分渗入米饭中容易加速米饭腐坏。

午点

黑糖藕粉凉糕

材料　莲藕粉 80g，黑糖 60 克，水 200 毫升，熟太白粉、黄豆粉、椰子粉各适量。

做法

❶ 将黑糖与莲藕粉加水搅拌均匀。

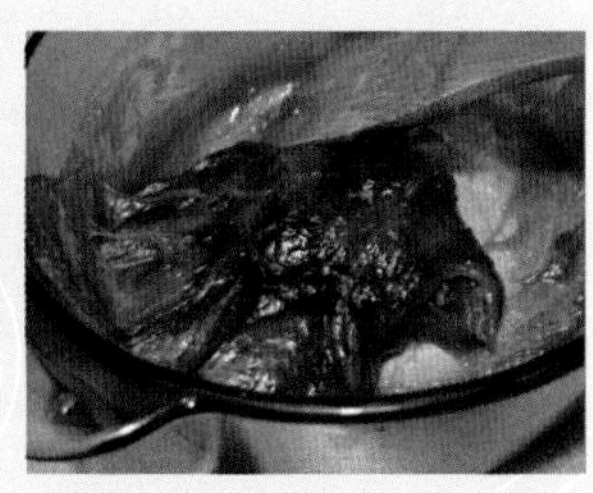

❷ 用小火慢煮，记得要边煮边搅拌，煮至浓稠搅不动即可。

❸ 将煮好的黑糖莲藕膏放入电饭锅内，在外锅加 1 杯水蒸熟。

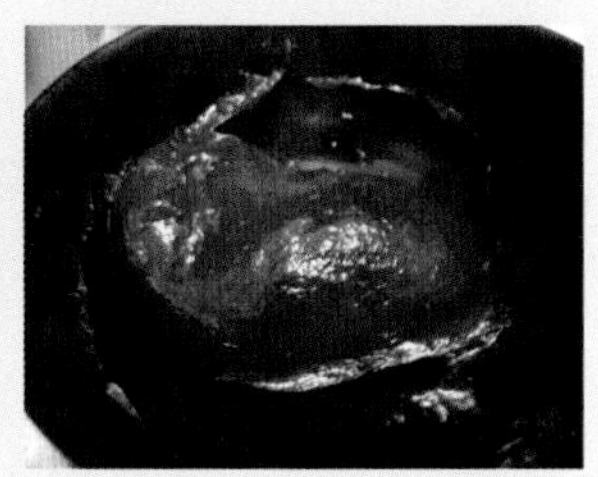

❹ 煮熟后的黑糖莲藕膏呈现半透明状，隔水降温后放入冰箱冰镇约 30 分钟。

❺ 冰凉的黑糖莲藕糕先滚上熟马铃薯粉以免黏手。

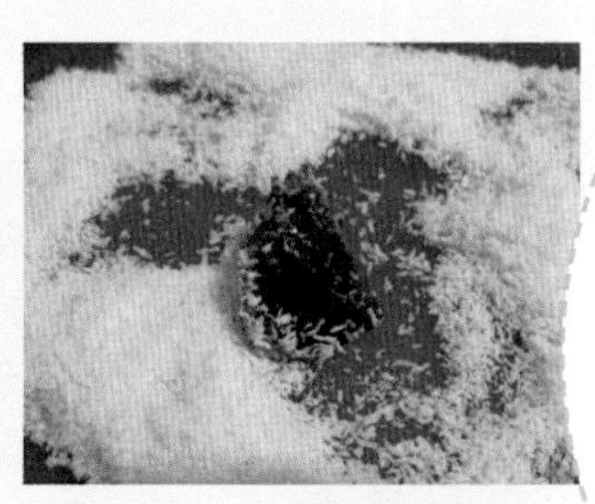

❻ 用剪刀或刀将凉糕剪（切）成小块，并蘸上黄豆粉、熟太白粉、椰子粉即可食用。

新手妈咪便利贴

• **熟马铃薯淀粉做法:** 将太白粉放入烧热的锅中干煎，炒约 3～4 分钟即可。熟的黄豆粉可以去超市购买。

小鱼童言童语

这道是小鱼和爸爸夏天最爱的古早味小点心，每次做好的时候，小鱼就会赖在我身边，我剪一块他吃一块，边剪边吃，常常还没端上桌就吃光了，炎热的夏天冰过后，冰冰凉凉像极了弹弹的果冻呢！

食材小故事

每年莲藕粉的产季，小鱼妈都会多购买一些存放，因为莲藕粉是营养价值极高的产品，不但含氨基酸、维生素 C 及 B 族维生素还有淀粉、醣类，大人小孩吃都很好。也可以莲藕粉加燕麦片、面茶、谷粉、牛奶、薏仁、奶茶冲泡加糖或黑糖食用。

午点

梅渍圣女果（小西红柿）

材料 圣女果（小西红柿）30 个，梅酱 50 克，苹果或水果醋 20 毫升，砂糖 30 克，水适量。

做法

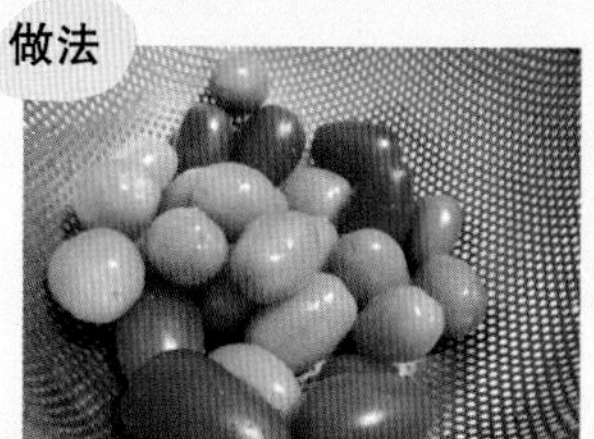

❶ 圣女果（小西红柿）洗净、去蒂头。

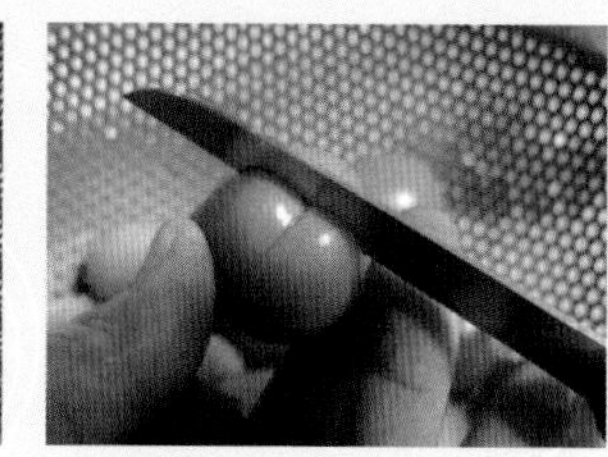

❷ 洗净的圣女果（小西红柿）用刀子在蒂头处画十字，方便去外皮。

❸ 将已画十字的圣女果（小西红柿）放入滚水中约煮 1 分钟。

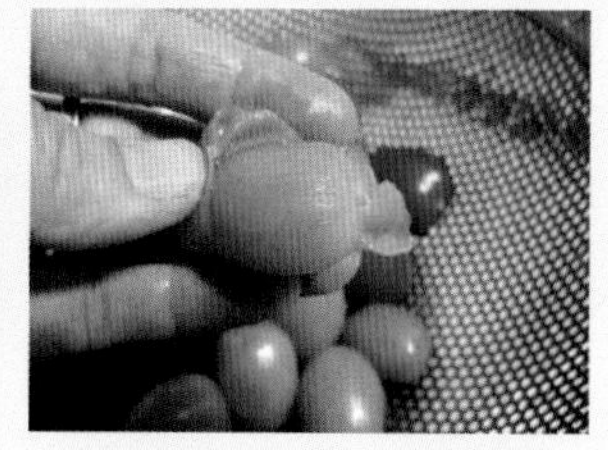

❹ 圣女果（小西红柿）放凉后，沿切口将外皮撕掉。

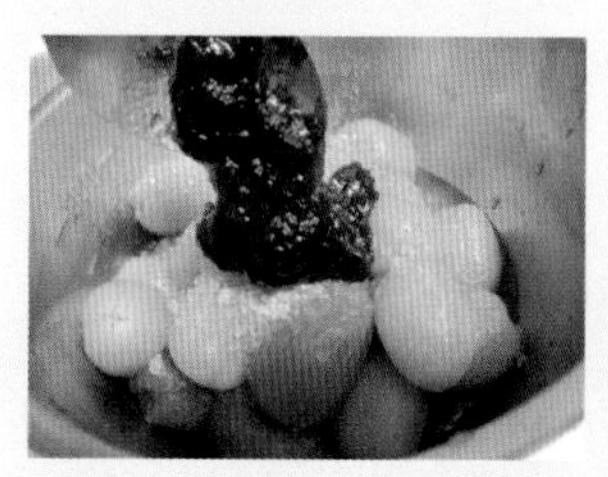

❺ 加入砂糖、水果醋及梅酱轻轻拌匀。

❻ 找一个干净且干燥的容器或保鲜盒将做法❺放入。

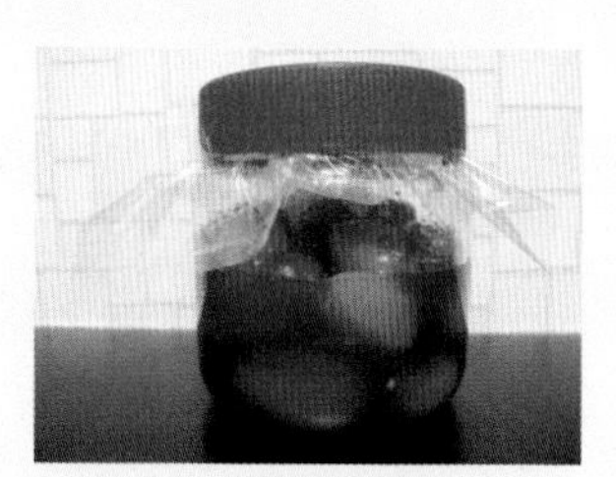

❼ 放入冰箱冷藏约 3～4 天入味后即可食用。

新手妈咪便利贴

- 圣女果（小西红柿）的皮较不好消化且口感较不佳，所以建议去皮食用。
- 煮圣女果的时间不宜过久以免失去弹性变得软烂，影响口感。

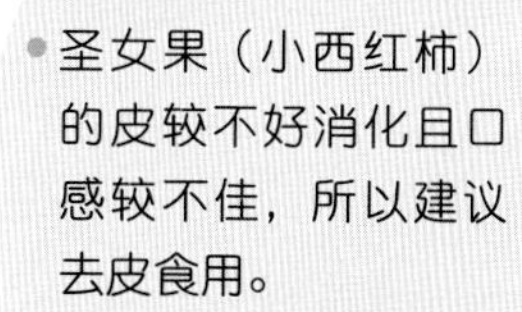

食材小故事

梅酱是小鱼奶奶亲自熬煮的，吃得到整颗梅肉，还有浓浓的爱心在里面，梅酱搭配圣女果不但开胃又很讨小孩喜欢。

小鱼童言童语

小鱼除了草莓之外，最喜欢的蔬果就是圣女果，因为小小一颗可以一口一个，再加上姥姥、姥爷的开心农场内也有种植圣女果，所以每次吃到圣女果，小鱼就会想起在田里采摘的回忆直说，我的力气很大喔！采很多。

午点

海绵杯子蛋糕

材料 鸡蛋 1 个，糖粉、低筋面粉各 40 克，隔水加热溶化的奶油 20 克。

做法

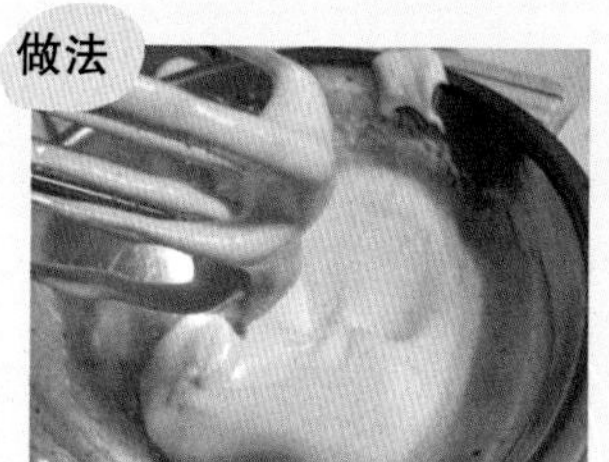

❶ 全蛋先放在室温中回温。将蛋放入蛋器打发，期间将糖粉分三次加入。

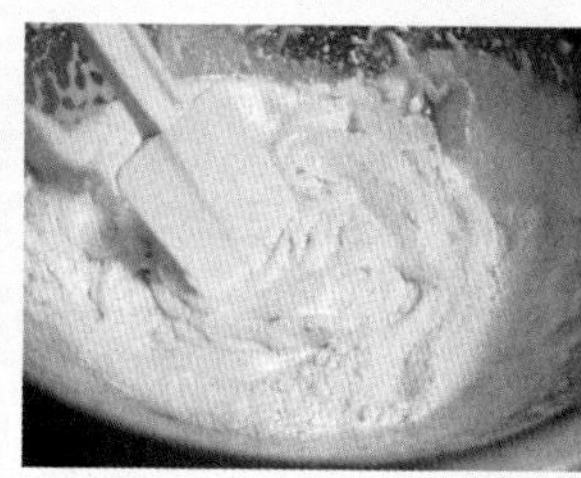

❷ 在打发的蛋中加入低筋面粉轻轻搅拌。

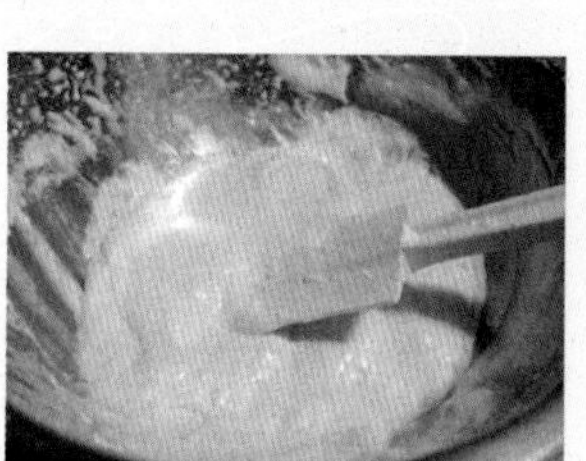

❸ 再加入奶油搅拌均匀成蛋糕糊。

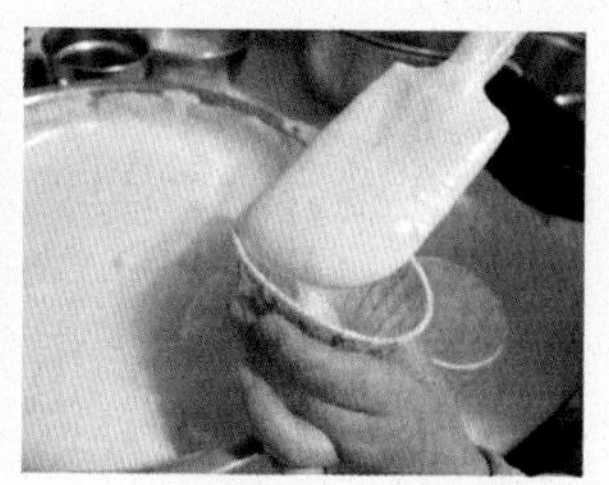

❹ 将搅拌均匀的蛋糕糊倒入纸杯内。

❺ 烤箱 180 度烤 20 分钟。（因每个家庭的烤箱条件不同，可以竹签插入，如无粘黏即烤熟。）

新手妈咪便利贴

- 打发至举起搅拌器蛋液不会滴下即可。

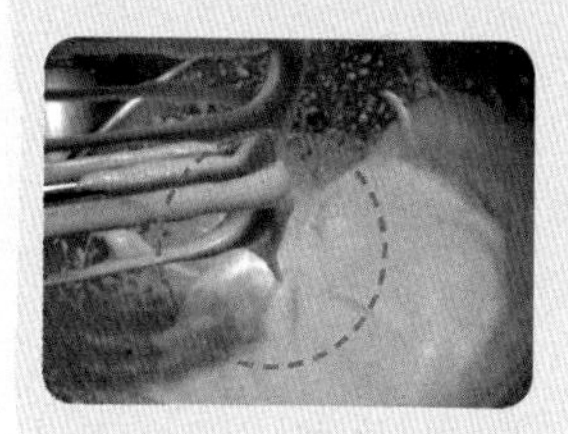

小鱼童言童语

小鱼每次看妈妈在厨房作点心，总是爱跑进来问，我可以帮忙吗？或者说，如果有我可以帮忙的记得叫我喔！所以有时候我会把简单且容易完成，没有危险性的事情交给他来做，例如，将蛋糊装进杯子内，这样不仅让他有成就感，还可以提升他的参与感。

食材小故事

纸杯请用耐高温的烘焙用纸杯，不可以使用一般的免洗杯。

小波堤

小鱼 童言童语

小鱼很喜欢小波堤的造型，因为他觉得小波堤像游泳圈一样，每次吃到小波堤松饼或小波堤，他总是会嚷着要我带他去游泳，即便外面天气不好，弄得妈妈真是哭笑不得。

材料 鸡蛋1个，砂糖40克，盐3克，低筋面粉200克，鲜奶或水各60毫升，奶油15克，小波堤矽胶模2个。

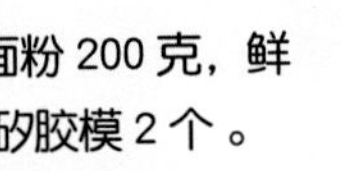

做法

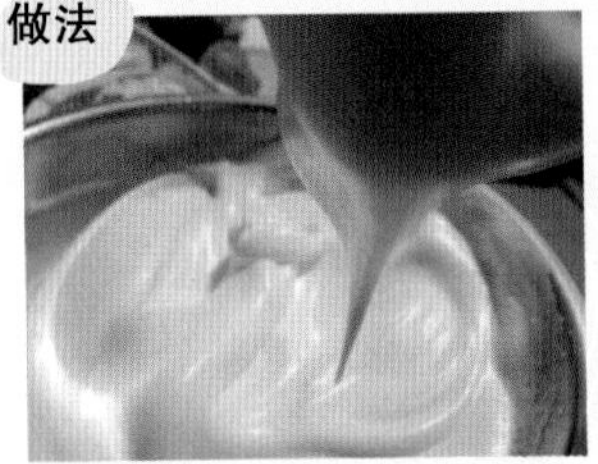

❶ 鸡蛋、糖、盐打散，隔水加热至微温后打发至乳白色。

❷ 奶油隔水加热至溶化备用。

❸ 面粉过筛后加入做法❶与鲜奶搅拌均匀后再加入溶化奶油，并装入塑料袋中。

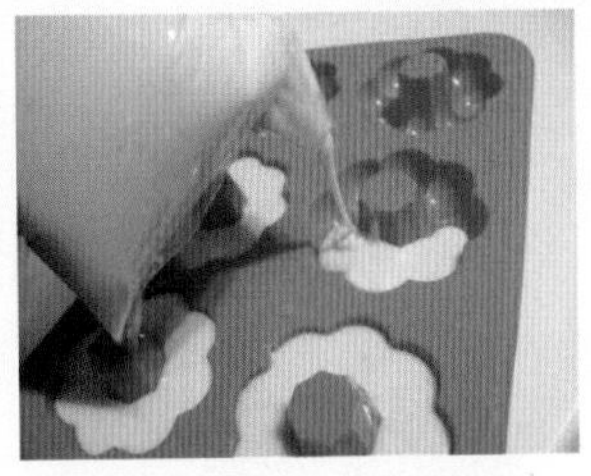

❹ 在塑料袋尖角处剪个小口，挤出填装入甜甜圈模。

❺ 烤箱180度预热5分钟，放入烤20分钟。

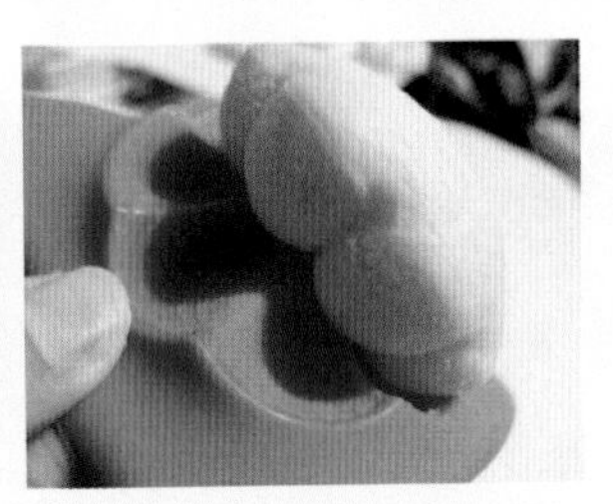

❻ 烤完后脱模，甜甜圈就完成了。

新手妈咪便利贴

- 鸡蛋必须打到硬性发泡。（如做法❹的图）
- 小波提模在各大烘焙用品店或者网上都可以买到，放凉后就容易脱模。
- 成品可蘸涂巧克力或加上彩糖变成彩色甜甜圈。

食材小故事

如果赶时间或觉得太麻烦，也可以直接购买市售的松饼粉来制作，大约是200克松饼粉加100毫升鲜奶或水，再加10毫升的植物油即可，这样的分量刚好可以做两盘12个小波堤。

甜甜圈

小鱼 童言童语

因为甜甜圈外头会裹上一层糖粉，喜欢甜食的小鱼每次都会先把糖粉舔干净再开始吃，而且他也很爱进厨房当小帮手，压模一点都难不倒他。

材料　中筋面粉330克，鸡蛋1个，酵母3克，砂糖30克，水80毫升，软化后的奶油30克，耐高温的油、糖粉各适量。

做法

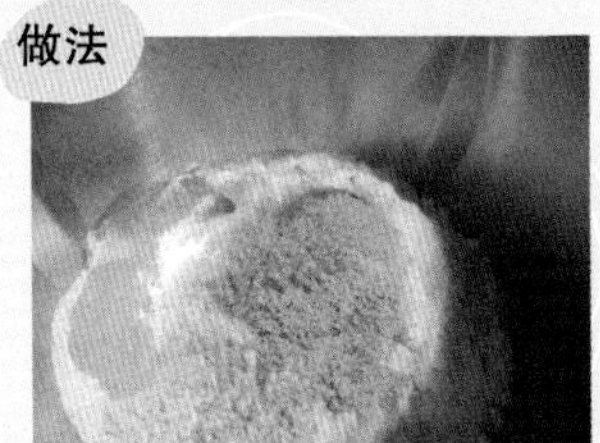

❶ 将面粉、鸡蛋、砂糖、酵母粉、水混合搅拌均匀。

❷ 做法❶中再加入奶油，一起揉成光滑的面团；盖上蘸了冷水的湿布发酵约1～1.5小时。

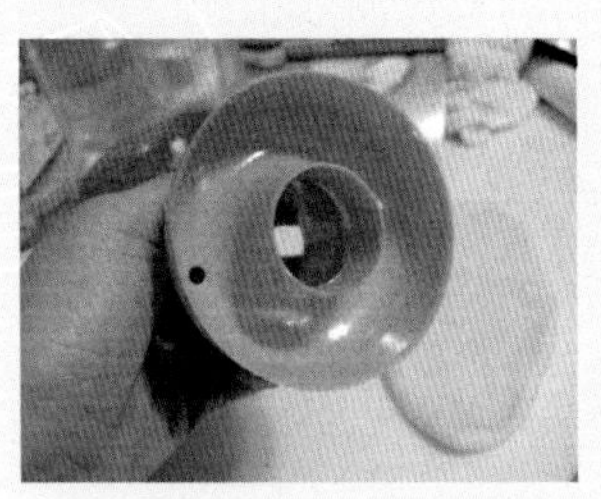

❸ 待面团发酵约两倍大后即开始塑型，将面团杆平后用甜甜圈模压制。

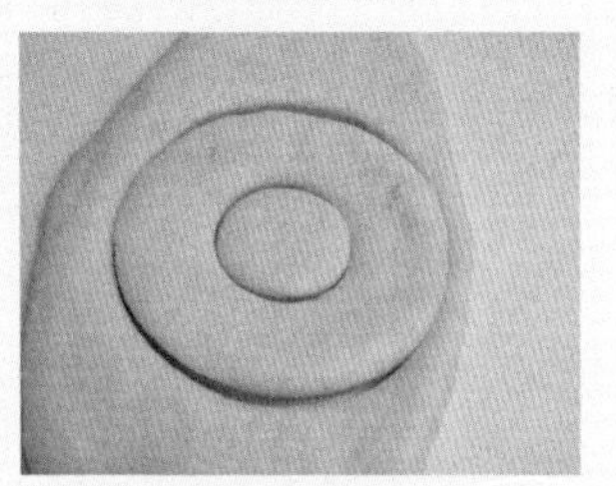

❹ 压制完成后发酵30分钟。

❺ 发酵完成后的甜甜圈放入热好的油锅内油炸。

❻ 炸至两面金黄后捞起沥油，蘸上糖粉即可。

新手妈咪便利贴

- 发酵时放在室温中即可。
- 甜甜圈中间的小面团也可以搓成圆形，炸好就是甜心球。

- 油炸时油温必须要滚烫才会澎起，如面粉有浮起表示油温够了。
- 如果没有糖粉，用白色细砂糖也可以。

食材小故事

甜甜圈是很多人喜爱的一道甜点，连小鱼妈也不例外。以前小时候住乡下，傍晚总会有面包车来村里销售，每次小鱼的姥姥都会买一个甜甜圈给我当早餐，所以对小鱼妈而言，甜甜圈除了吃起来有甜滋滋的幸福味之外，还多了分思乡情怀。

午点
小饼干
Best Wishes

材料 低筋面粉 200 克，鲜奶 40 毫升，砂糖 20 克，炼乳 40 克，奶油 50 克。

做法

❶ 奶油隔热水溶化后备用。

❷ 低筋面粉、鲜奶、炼乳、砂糖、溶化后的奶油一起搅拌均匀成面团。

❸ 将面团修整成形后放入密封袋中，用杆面棍压平。

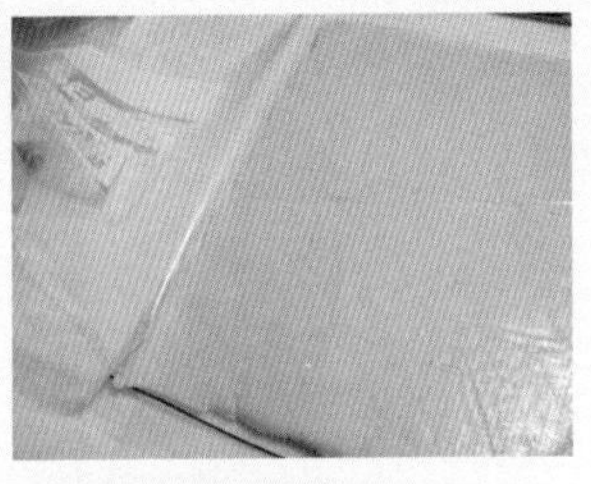

❹ 将密封袋剪开后，将饼皮切成长条形或用饼干模塑型。

❺ 烤箱预热 5 分钟，在烤盘中铺上烘焙纸，将切好的饼干放入，用 180 度烤 20 分钟至变颜色即可。

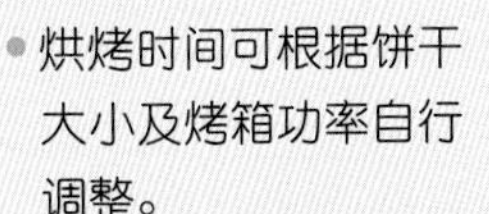

新手妈咪便利贴

- 烘烤时间可根据饼干大小及烤箱功率自行调整。
- 可以变换成其他口味例如加入抹茶粉、草莓粉、巧克力粉等等。

小鱼童言童语

我和小鱼说吃了这道饼干会长高高喔！因为添加了炼乳的缘故，所以奶香味很浓厚，因此小鱼将他命名为鲜奶饼干，吃了会长高高，就可以和爸爸一起打篮球、打棒球了。

食材小故事

炼乳是加了砂糖或糖浆的浓缩牛奶，因为经过真空、杀菌、浓缩，所以水分大概只有鲜奶的 1/4；又因添加了蔗糖，所以甜度比鲜奶要高很多，使用范围很广泛，可以蘸馒头、水果、甜品，算是百搭的食材。

午点
芝麻奶酥

材料 低筋面粉160克，细砂糖 40克，奶油100克，生杏仁粉50克，黑芝麻、白芝麻各40克，鸡蛋1个。

做法

❶ 奶油回温后与细砂糖一起打发。

❷ 生杏仁粉和低筋面粉过筛后，加入黑芝麻和白芝麻搅拌。

❸ 鸡蛋打散加入做法❶的打发奶油与面粉搅拌均匀。

❹ 将面团放进袋子中，再用杆面棍杆平。

❺ 将袋子剪开后，在饼皮上用饼干模塑成自己喜欢的造型。

❻ 烤箱预热5分钟，在烤盘中铺上烘焙纸，用200度烤20分钟至变颜色即可。

新手妈咪便利贴

- 烘烤时间可按照饼干大小及烤箱不同自行调整。
- 生杏仁粉和我们一般冲泡用的杏仁粉是不同的。制作时可以去烘焙材料店购买做饼干用的生杏仁粉。
- 造型饼干是孩子抗拒不了的食物，所以妈妈可以买些小孩喜欢的模型同孩子一起动手作！

小鱼童言童语

小鱼很爱吃芝麻，他觉得黑黑的小点点好像水果的籽一样，很有趣。

食材小故事

芝麻的营养成分很高，除了脂肪、蛋白质和醣类，还含有丰富的膳食纤维与多种矿物质、B族维生素、维生素E及丰富的钙质，是非常有营养的点心食材。香香的芝麻奶酥饼，口感香脆，很受欢迎，小鱼妈就是靠这道饼干交朋友的喔！

薯格

材料 地瓜3个（可以用马铃薯代替），太白粉、盐各适量。

做法

❶ 地瓜用波浪刀先划一刀，再斜切就变成格子网状。

❷ 切好的格纹地瓜片先洒上少许太白粉，以免炸的时候散掉。

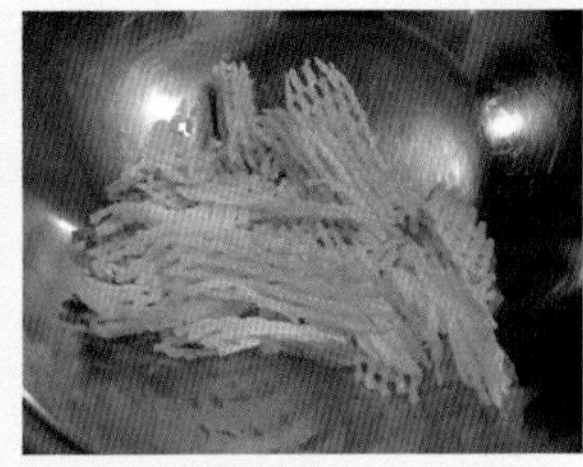

❸ 起油锅待油热了之后将地瓜片放进去油炸约 5 分钟，捞起后沥去多余的油脂。

新手妈咪便利贴

- 如果没有波浪刀可以直接切成长条形或薄片。

- 不想吃咸的也可以在薯格上洒梅粉就是甘甜的梅甘薯条。
- 将地瓜换成马铃薯或红萝卜都很好吃喔！

小鱼童言童语

小鱼妈觉得小孩子都是视觉性动物，同样的食材只要换成不同造型，孩子就会很捧场。像是不爱吃地瓜的小鱼，常常会不知不觉间把"网格饼干"吃光，一点也不会发现原来那就是地瓜。

食材小故事

这种波浪刀蛮好用的，可以把食材变化成不同造型，切成网状的方法是，先在地瓜上划一刀，再把地瓜拿斜角再切一刀，就会变成网状了。

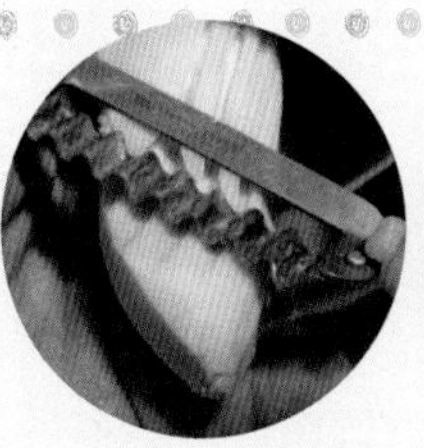

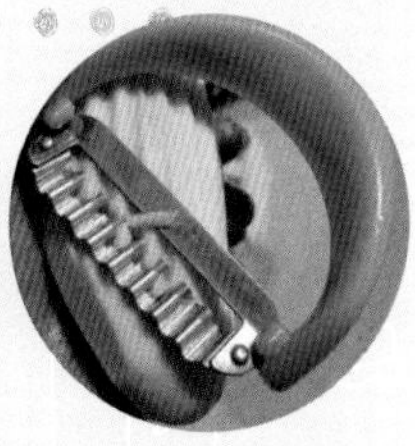

午点

嫩布丁

小鱼 童言童语

市售的布丁颜色都接近黄色，所以每次我端出自制布丁，他总是说，“才不是呢！布丁不是这种颜色啊！是黄色的才对，妈妈做的是豆腐。”所以这道甜点就成了小鱼口中的“豆腐布丁”啦！

材料 鲜奶200毫升，蛋黄1个，砂糖120克，明胶1粒，水50毫升。

- 用一个大碗装满热水，再将牛奶倒入不锈钢餐具杯中，放入大碗隔水加温牛奶了。

做法

❶ 吉利丁先用冷水泡软备用。

❷ 先制作焦糖。将水倒入锅内煮滚后加入砂糖，用汤匙搅拌均匀后转中小火，可以摇晃锅避免烧焦，直到变色即是焦糖。

❸ 完成的焦糖倒入布丁容器中备用。

❹ 鲜奶放在不锈钢杯中隔水加热，让牛奶温度升高至约60℃左右。

❺ 将鲜奶放入小锅中，加入蛋黄、砂糖搅拌均匀后，放入泡软的明胶开小火。

❻ 将作法❺煮到锅子周围冒泡泡即可。（不可以煮滚，否则吉利丁无法凝固）

❼ 将煮好的布丁液过筛，倒入❸的容器中。

❽ 放凉后放进冰箱冷藏3～4小时即可。

食材小故事

焦糖是小鱼姥姥传承给我的，有妈妈的味道，因为天气很热，小时候小鱼姥姥常会做冰给我们解馋，所以每次闻到焦糖香时，脑中总是记忆起幸福的味道。

午点

醇奶奶酪

材料 鲜奶1000毫升，砂糖30克，明胶6粒（看总量多少决定量150毫升用一粒），苹果丁适量（1000毫升约可做13瓶）

做法

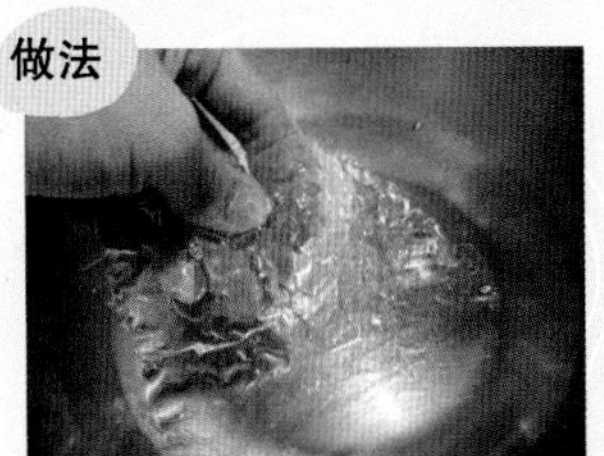

❶ 明胶用冷水泡软备用。

❷ 鲜奶用中小火煮，期间需要不断搅拌以免烧焦，煮至冒烟或旁边稍微冒泡即可。

❸ 将泡软的明胶放入作法❶中搅拌均匀。

❹ 将稍凉的作法❹倒入瓶内，再放上苹果丁。

❺ 待温度下降后，盖上瓶盖后即可放入冰箱冷藏。

新手妈咪便利贴

- 奶酪的底部可以根据自己喜好加上喜欢的水果、果酱或者也可以自制焦糖。
- 可以在鲜奶中加上自己喜欢巧克力粉、抹茶粉、香草精等变化不同口味的奶酪。
- 喜欢浓稠口感的妈妈可以将鲜奶1000毫升改成250毫升鲜奶油加上750毫升鲜奶，可根据自己喜好调整，小鱼妈个人比较喜欢用纯鲜奶才不会吃多有点腻。

小鱼童言童语

香醇的奶酪非常适合当小孩的点心，小鱼都称这道点心为牛奶布丁，而且他都会请我帮他淋上草莓酱，就成为他最爱的草莓布丁了。

食材小故事

市售的奶酪总是添加很多色素和凝固剂，自己动手做，喜欢什么口味都可以自由变化；放冷藏大约可以放2～3天，尽快食用才能享受最新鲜又好吃的奶酪。至于瓶子可以在烘焙用品专卖店或网上购买。

午点
炼乳冰淇淋